全国监理工程师职业资格考试辅导用书

建设工程监理案例分析（水利工程）
历年真题+考点解读+专家指导

全国监理工程师职业资格考试辅导用书编写委员会　编写

中国建筑工业出版社

图书在版编目（CIP）数据

建设工程监理案例分析（水利工程）历年真题＋考点解读＋专家指导 / 全国监理工程师职业资格考试辅导用书编写委员会编写 . — 北京：中国建筑工业出版社，2024.1
全国监理工程师职业资格考试辅导用书
ISBN 978-7-112-28936-3

Ⅰ.①建…　Ⅱ.①全…　Ⅲ.①水利工程—监理工作—案例—资格考试—自学参考资料　Ⅳ.① TV512

中国国家版本馆 CIP 数据核字（2023）第 129491 号

本书按照考试大纲要求，在编写中将命题要点以图表结合方式作了深层次的剖析和总结，并将重要采分点、易考查采分点等加注下划线，从而有效地帮助考生从纷繁复杂的学习资料中脱离出来，达到事半功倍的复习效果。精选典型真题，对易错点、易混项、计算难点等详细剖析讲解，悉心点拨考生破题技巧，帮助考生掌握考试命题规律和趋势。

编写组从各考点的复习难度、命题规律、考试特点、考试题型等方面进行分析、预测，传授备考策略，提炼记忆口诀，帮助考生拓宽学习思路，解决死记硬背的问题。

本书具有较强的指导性和实用性，可供参加全国监理工程师职业资格考试的考生作为复习指导书。

责任编辑：曹丹丹　张　磊
责任校对：芦欣甜

全国监理工程师职业资格考试辅导用书
建设工程监理案例分析（水利工程）历年真题+考点解读+专家指导
全国监理工程师职业资格考试辅导用书编写委员会　编写
＊
中国建筑工业出版社出版、发行（北京海淀三里河路9号）
各地新华书店、建筑书店经销
北京点击世代文化传媒有限公司制版
天津画中画印刷有限公司印刷
＊
开本：787毫米×1092毫米　1/16　印张：13½　字数：282千字
2024年1月第一版　2024年1月第一次印刷
定价：**49.00**元（含增值服务）
ISBN 978-7-112-28936-3
　　　　（41650）

前/言

根据国务院推进"放管服"改革部署，规范职业资格设置和管理，经国务院同意，2017 年 9 月，人力资源社会保障部印发《人力资源社会保障部关于公布国家职业资格目录的通知》（人社部发〔2017〕68 号），将监理工程师列入国家职业资格目录清单，由住房和城乡建设部、交通运输部、水利部和人力资源社会保障部（以下简称四部门）实施。根据《国家职业资格目录》，为统一、规范监理工程师职业资格设置和管理，2020 年 2 月 28 日四部委印发《监理工程师职业资格制度规定》《监理工程师职业资格考试实施办法》，明确了监理工程师职业资格考试设置基础科目和土木建筑工程、交通运输工程、水利工程 3 类专业科目，全国统一大纲、统一命题、统一组织。考试共设《建设工程监理基本理论和相关法规》《建设工程合同管理》《建设工程目标控制》《建设工程监理案例分析》4 个科目。其中《建设工程监理基本理论和相关法规》《建设工程合同管理》为基础科目，《建设工程目标控制》《建设工程监理案例分析》为专业科目。

为了帮助广大考生能在短时间内适应考试，掌握考试重点、难点，迅速提高应试能力和答题技巧，我们组织了一批优秀的考试辅导名师编写了《全国监理工程师职业资格考试辅导用书》。本套丛书包括 6 个分册，分别是:《建设工程监理基本理论和相关法规历年真题＋考点解读＋专家指导》《建设工程合同管理历年真题＋考点解读＋专家指导》《建设工程目标控制（土木建筑工程）历年真题＋考点解读＋专家指导》《建设工程目标控制（水利工程）历年真题＋考点解读＋专家指导》《建设工程监理案例分析（土木建筑工程）历年真题＋考点解读＋专家指导》《建设工程监理案例分析（水利工程）历年真题＋考点解读＋专家指导》。

本套丛书的基本内容包括:

【考生必掌握】这部分具有两大特点:

一是通过对监理工程师职业资格考试命题规律的总结、定位，将考试的命题要点作了深层次的剖析和总结，图表结合讲解，可帮助考生有效形成基础知识的提炼和升华。

二是将重要采分点、易考查采分点等加注下画线，提示考生要特别注意，省却了考生勾画重点的精力。

【历年这样考】依托历年众多真题，对易错点、易混项、计算难点等详细剖析讲解，全面引领考生答题方向，悉心点拨考生破题技巧，有效突破考生的思维固态。

【**还会这样考**】编写组在编写过程中，根据考试大纲，结合考试教材，重点筛选后编写了考试还可能会涉及的题目，有利于考生对知识点的全面掌握。

本书还有一大亮点，在文中穿插了【**想对考生说**】【**考生这样记**】等灵活版块。

【**想对考生说**】编写组从各考点的复习难度、命题规律、考试特点、考试题型等方面进行分析、预测，传授备考策略，帮助考生拓宽学习思路，提高学习效率。

【**考生这样记**】编写组根据多年的教学辅导经验，将难理解、难记忆的知识点进行总结，提炼记忆口诀，从而解决了考生死记硬背的问题，达到事半功倍的效果。

【**为考生服务**】为了配合考生的备考复习，我们配备了专家答疑团队，开通了答疑 QQ 群 832215589（加群密码：助考服务）和微信（wfxm-edu），及时为考生提供解答服务。考生还可以通过关注微信公众号（建知云服务）或扫描右方二维码获取考试资讯、了解行业动态，获取冲刺试卷。

建知云服务

目/录

本书特色

图表结合，
对比记忆，
重点勾画，
加深理解

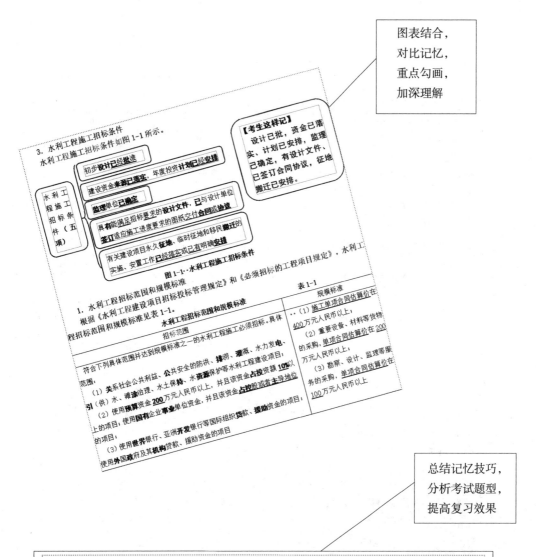

图1-1··水利工程施工招标条件

1. 水利工程招标范围和规模标准

根据《水利工程建设项目招标投标管理规定》和《必须招标的工程项目规定》，水利工程招标范围和规模标准见表1-1。

水利工程招标范围和规模标准

表1-1

招标范围	规模标准
符合下列具体范围并达到规模标准之一的水利工程施工必须招标。具体范围： （1）关系社会公共利益、公共安全的防洪、排涝、灌溉、水力发电、引（供）水、滩涂治理、水土保持、水资源保护等水利工程建设项目； （2）使用预算资金200万元人民币以上，并且该资金占投资额10%以上的项目，使用国有企业事业单位资金，并且该资金占控股或者主导地位的项目； （3）使用世界银行、亚洲开发银行等国际组织贷款、援助资金的项目，使用外国政府及其机构贷款、援助资金的项目	（1）施工单项合同估算价在400万元人民币以上； （2）重要设备、材料等货物的采购，单项合同估算价在200万元人民币以上； （3）勘察、设计、监理等服务的采购，单项合同估算价在100万元人民币以上

总结记忆技巧，
分析考试题型，
提高复习效果

【考生这样记】

招标范围这样记：关公电排灌，引涂持资源；预算二百占投十，国有事业占主控；世界开发、外政机构贷援助。

【想对考生说】

该知识点可以这样考查：出分析判断型问题，如在背景资料中给出招标文件设置的投标人资质条件，要求考生就投标资质条件进行分析判断其是否妥当，并说明理由；出简答问题，如根据《招标投标法实施条例》，招标人有哪些行为，属于以不合理条件限制、排斥潜在投标人或者投标人。

精心筛选典型真题，
重难真题深入解析，
指导考生答题方向

【历年这样考】

【2020年真题】

某新建泵站工程A市境内，工程总投资约5亿元，监理费批复概算约800万元，共划分为1个监理标段，招标文件依据《标准监理招标文件（2017年版）》编制，招标范围：建筑安装工程、机电及金属结构设备制造。招标过程中发生如下事件：

事件1：招标代理机构依法发布招标公告，载明了项目概况与招标范围、投标人资格、投标文件递交、发布媒介、联系方式等。

事件2：招标公告中要求投标人须具备的条件有：

（1）独立法人资格，A市以外投标人必须在A市注册分公司；

（2）具备水利勘察的水利工程施工监理专业甲级资质；

（3）近5年至少具有1个类似项目业绩，类似项目是指监理合同价600万以上的泵站（或水电站）项目；

（4）在人员方面具有相应的监理能力，设备方面满足监理工作要求；

（5）总监理工程师持有水利部认可的相关监理资格证书，具有工程类正高级专业技术职称，在类似项目中担任过总监理工程师或副总监理工程师职务，应为本单位人员且不得在现有项目任职；

（6）信用良好，投标时无被限制投标情形。

事件3：某监理投标文件的人员费用计算中，监理工程师人数和单价的乘积与合价不一致。开标后，监理投标人书面要求依据计算错误的修正原则进行补正，评标委员会同意并安排招标代理机构予以补正，补正结果书面通知该监理投标人，该监理投标人书面予以回复。

【问题】

1. 除事件1列出的信息外，招标公告还应包括哪些信息？

2. 指出事件2中投标人资格条件要求的不妥之处，并说明理由。

【参考答案】

1. 根据《标准监理招标文件（2017年版）》及除事件1列出的信息外，招标公告还应包括的信息有：

（1）招标条件；

（2）招标文件的获取。

2.（1）独立法人资格，A市以外投标人必须在A市注册分公司，不妥。

理由：资格审查时，招标人不得以不合理的条件限制、排斥潜在投标人或者投标人，不得对潜在投标人或者投标人实行歧视待遇。

（2）具备水利勘察的水利工程施工监理专业甲级资质，不妥。

理由：应具有工程监理综合资质，或水利工程施工监理专业资质和机电及金属结构设备制造监理专业资质。

（3）总监理工程师具有工程类正高级专业技术职称，不妥。

理由：总监理工程师、监理工程师应当具备监理工程师职业资格证书，总监理工程师还应当具有工程类高级专业技术职称。

【想对考生说】

1. 本案例问题1主要考核水利工程监理招标中招标公告的内容。《标准监理招标文件（2017年版）》规定，招标公告包括：招标条件；项目概况与招标范围；投标人资格能力；招标文件的获取；投标文件的递交；发布公告的媒介；联系方式。本题考查的补充类型的案例问，根据《标准监理招标文件（2017年版）》中招标公告包括的内容，对背景资料中告知的信息进行排除，即可写出招标公告剩余内容。

2. 本案例问题2主要考核投标人员具备的条件、水利工程监理单位资质专业和等级。本题根据《水利工程建设项目监理招标投标管理办法》第十八条规定、《水利工程建设监理单位资质管理办法》第六条规定、《水利工程建设监理单位资质等级标准》中甲级监理单位资质条件等规定去解答。本题属于分析判断类型的题目，应逐条分析判断并说明理由。

3. 本案例问题3主要考核水利工程项目投标中的投标文件内容。《标准监理招标文件（2017年版）》第二章3.5.6："主要人员简历表"中总监理工程师应附身份证、学历证、职称证、注册监理工程师执业证书和社保缴费证明复印件，管理过的项目业绩须附合同协议书复印件；其他主要人员应附身份证、学历证、职称证、有关证书和社保缴费证明复印件。

4. 本案例问题4主要考核水利工程监理招标中投标文件的修正。本题的解答依据是《工程建设项目施工招标投标办法》第五十一条、第五十二条、五十三条的规定。

预测考试题目，
轻松应对考试

【还会这样考】

某引水工程总投资42亿元，工程建设内容包括明渠190km、控制性建筑物10座（节制闸3座、退水闸2座、分水口5个）、排水工程11座（9座排水涵槽、2座排水倒虹吸）、跨渠道建筑物10座（跨渠桥梁）。招标方案如下：将设计直接委托给承担可行性研究报告编制的B、C设计单位招标时，招标部门委托给承担膨胀土试验段的B、C两家施工单位，项目法人在施工准备阶段组织招标，明渠段施工直接委托B设计单位，E监理范围为B设计单位，11座控制性建筑物、10座排水工程、10座监理单位，E监理单位通过公开招标选了F、F两家监理单位；项目法人通过公开招标选了G设备了D施工单位；项目法人监理范围为C、D两家施工单位。项目法人通过公开招标选了G设施工单位，F监理单位监理范围为C、D两家施工单位。供应单位。

【问题】

1. 项目法人招标方案中的模式属于何种项目组织管理模式？简述该项目组织管理模式的优缺点。

2. 作为F监理单位的总监理工程师，你认为协调工作应包括哪些？

【参考答案】

1. 项目法人招标方案中的模式属于平行承发包模式。平行承发包范围内同时进行相关工作，有利于缩短工期，采用该模式，由于各承包单位在其承包范围内选择施工单位，有利于建设单位在更广范围内选择施工单位，施工单位和发包人之间的协调工作，控制质量，也有利于建设单位主要包括：（1）C、D施工单位和G设备供应单位之间的协调工作。

2. 总监理工程师协调工作主要包括：（2）C施工单位和D施工单位之间的协调工作；（3）C、D施工单位和G设备供应单位之间的协调工作；（4）B、C、D施工单位之间的协调工作；（5）F监理单位和E监理单位之间的协调工作。

【想对考生说】

本案例主要考核平行承发包模式。平行承发包模式是指建设单位将建设工程设计、施工以及材料设备采购任务经分解后分别发包给若干个设计单位、施工单位和材料设备供应单位，并分别与各承包单位签订合同的组织管理模式。平行承包模式中，这种委托方式要求被委托的工程监理单位应具有较强的合同管理与组织协调能力。

考试相关情况说明

一、报考条件

考试科目	报考条件
考全科	凡遵守中华人民共和国宪法、法律、法规，具有良好的业务素质和道德品行，具备下列条件之一者，可以申请参加监理工程师职业资格考试： （1）具有各工程大类专业大学专科学历（或高等职业教育），从事工程施工、监理、设计等业务工作满4年； （2）具有工学、管理科学与工程类专业大学本科学历或学位，从事工程施工、监理、设计等业务工作满3年； （3）具有工学、管理科学与工程一级学科硕士学位或专业学位，从事工程施工、监理、设计等业务工作满2年； （4）具有工学、管理科学与工程一级学科博士学位。 　　经批准同意开展试点的地区，申请参加监理工程师职业资格考试的，应当具有大学本科及以上学历或学位
免考基础科目	已取得监理工程师一种专业职业资格证书的人员，报名参加其他专业科目考试的，可免考基础科目。考试合格后，核发人力资源社会保障部门统一印制的相应专业考试合格证明。该证明作为注册时增加执业专业类别的依据。 具备以下条件之一的，参加监理工程师职业资格考试可免考基础科目： （1）已取得公路水运工程监理工程师资格证书； （2）已取得水利工程建设监理工程师资格证书

二、考试科目

监理工程师职业资格考试设《建设工程监理基本理论和相关法规》《建设工程合同管理》《建设工程目标控制》《建设工程监理案例分析》4个科目。其中《建设工程监理基本理论和相关法规》《建设工程合同管理》为基础科目，《建设工程目标控制》《建设工程监理案例分析》为专业科目。

监理工程师职业资格考试专业科目分为土木建筑工程、交通运输工程、水利工程3个专业类别，考生在报名时可根据实际工作需要选择。其中，土木建筑工程专业由住房和城乡建设部负责；交通运输工程专业由交通运输部负责；水利工程专业由水利部负责。

三、考试成绩管理

监理工程师职业资格考试成绩实行4年为一个周期的滚动管理办法，在连续的4个考试年度内通过全部考试科目，方可取得监理工程师职业资格证书。

免考基础科目和增加专业类别的人员，专业科目成绩按照 2 年为一个周期滚动管理。

四、注册管理

国家对监理工程师职业资格实行执业注册管理制度。取得监理工程师职业资格证书且从事工程监理相关工作的人员，经注册方可以监理工程师名义执业。

经批准注册的申请人，由住房和城乡建设部、交通运输部、水利部分别核发《中华人民共和国监理工程师注册证》（或电子证书）。

监理工程师执业时应持注册证书和执业印章。注册证书、执业印章样式以及注册证书编号规则由住房和城乡建设部会同交通运输部、水利部统一制定。执业印章由监理工程师按照统一规定自行制作。注册证书和执业印章由监理工程师本人保管和使用。

住房和城乡建设部、交通运输部、水利部按照职责分工建立监理工程师注册管理信息平台，保持通用数据标准统一。住房和城乡建设部负责归集全国监理工程师注册信息，促进监理工程师注册、执业和信用信息互通共享。

住房和城乡建设部、交通运输部、水利部负责建立完善监理工程师的注册和退出机制，对以不正当手段取得注册证书等违法违规行为，依照注册管理的有关规定撤销其注册证书。

第一章 / 水利工程招标及投标

扫码学习

第一节 监理招标及投标

一、监理招标

【考生必掌握】

1. 水利工程建设监理的规定

水利工程建设监理的规定，见表1-1。

水利工程建设监理的规定 表1-1

项目	内容
必须实行建设监理的水利工程建设项目	《水利工程建设监理规定（2017年修正）》第三条规定，水利工程建设项目依法实行建设监理。 总投资200万元以上且符合下列条件之一的水利工程建设项目，必须实行建设监理： （1）关系社会公共利益或者公共安全的； （2）使用国有资金投资或者国家融资的； （3）使用外国政府或者国际组织贷款、援助资金的。 铁路、公路、城镇建设、矿山、电力、石油天然气、建材等开发建设项目的配套水土保持工程，符合前款规定条件的，应当按照本规定开展水土保持工程施工监理。 其他水利工程建设项目可以参照本规定执行
备案	《水利工程建设监理规定（2017年修正）》第五条规定，按照本规定必须实施建设监理的水利工程建设项目，项目法人应当按照水利工程建设项目招标投标管理的规定，确定具有相应资质的监理单位，并报项目主管部门备案。项目法人和监理单位应当依法签订监理合同

项目	内容
业务承揽	《水利工程建设监理规定（2017 年修正）》第七条规定，监理单位应当按照水利部的规定，取得《水利工程建设监理单位资质等级证书》，并在其资质等级许可的范围内承揽水利工程建设监理业务。 　　两个以上具有资质的监理单位，可以组成一个联合体承接监理业务。联合体各方应当签订协议，明确各方拟承担的工作和责任，并将协议提交项目法人。联合体的资质等级，按照同一专业内资质等级较低的一方确定。联合体中标的，联合体各方应当共同与项目法人签订监理合同，就中标项目向项目法人承担连带责任

【想对考生说】

　　该知识点的出题点在于业务承揽的规定，主要考查分析判断题，考生要熟悉。

2. 资质等级和业务范围（考核要点）

资质等级和业务范围，见表 1-2。

资质等级和业务范围 表 1-2

项目	内容
监理单位资质划分	《水利工程建设监理单位资质管理办法》第六条规定，监理单位资质分为水利工程施工监理、水土保持工程施工监理、机电及金属结构设备制造监理和水利工程建设环境保护监理四个专业。其中，水利工程施工监理专业资质和水土保持工程施工监理专业资质分为甲级、乙级和丙级三个等级，机电及金属结构设备制造监理专业资质分为甲级、乙级两个等级，水利工程建设环境保护监理专业资质暂不分级
各专业资质等级可以承担的业务范围	《水利工程建设监理单位资质管理办法》第七条规定，各专业资质等级可以承担的业务范围如下： （1）水利工程施工监理专业资质： 甲级可以承担各等级水利工程的施工监理业务。 乙级可以承担Ⅱ等（堤防 2 级）以下各等级水利工程的施工监理业务。 丙级可以承担Ⅲ等（堤防 3 级）以下各等级水利工程的施工监理业务。 （2）水土保持工程施工监理专业资质： 甲级可以承担各等级水土保持工程的施工监理业务。 乙级可以承担Ⅱ等以下各等级水土保持工程的施工监理业务。 丙级可以承担Ⅲ等水土保持工程的施工监理业务。 同时具备水利工程施工监理专业资质和乙级以上水土保持工程施工监理专业资质的，方可承担淤地坝中的骨干坝施工监理业务。 （3）机电及金属结构设备制造监理专业资质： 甲级可以承担水利工程中的各类型机电及金属结构设备制造监理业务。 乙级可以承担水利工程中的中、小型机电及金属结构设备制造监理业务。 （4）水利工程建设环境保护监理专业资质： 可以承担各类各等级水利工程建设环境保护监理业务

【想对考生说】

1. 该知识点的出题点在于各专业资质等级可以承担的业务范围，主要考查分析判断题，即要求考生判断背景资料中各投标人的监理资质是否可以承担该项目？说明理由。

2.《水利工程建设监理单位资质等级标准》中甲级监理单位资质条件【该知识点在 2020 年案例二第 2 问以分析判断类型的题目进行了考查】、乙级监理单位资质条件、丙级和不定级监理单位资质条件也是需要考生掌握的内容，这里就不详细讲述了，考生自行复习。

3. 监理招标的条件

《水利工程建设项目监理招标投标管理办法》第十一条规定，项目监理招标应当具备下列条件：

（1）项目可行性研究报告或者初步设计已经批复；

（2）监理所需资金已经落实；

（3）项目已列入年度计划。

【考生这样记】

报告设计已批复，资金已落实，项目已入计划。

4. 招标公告或投标邀请书的内容

根据《标准监理招标文件（2017 年版）》，招标公告（适用于公开招标）包括以下内容【2020 年案例二中第 1 问考查了该知识点】：招标条件；项目概况与招标范围；投标人资格要求；招标文件的获取；投标文件的递交；发布公告的媒介；联系方式。

根据《标准监理招标文件（2017 年版）》，投标邀请书（适用于邀请招标）包括以下内容：招标条件；项目概况与招标范围；投标人资格要求；招标文件的获取；投标文件的递交；确认；联系方式。

【想对考生说】

1. 这里有可能考查直接问答型题目：根据《标准监理招标文件（2017 年版）》，招标公告或者投标邀请书应当至少载明哪些内容？

2. 这里有可能考查补充型题目：根据《标准监理招标文件（2017 年版）》，招标公告或者投标邀请书还应载明哪些内容？

3. 这里有可能考查分析判断型题目：根据《标准监理招标文件（2017 年版）》，分析背景中发生事件是否存在不当之处？说明理由。

5. 资格审查

（1）资格审查方式

资格审查方式，如图1-1所示。

资格审查方式

《水利工程建设项目监理招标投标管理办法》第十五条规定，招标人应当对投标人进行资格审查。资格审查分为资格预审和资格后审。进行资格预审的，一般不再进行资格后审，但招标文件另有规定的除外。

《水利工程建设项目监理招标投标管理办法》第十六条规定，资格预审，是指在投标前对潜在投标人进行的资格审查。资格预审一般按照下列原则进行：

（1）招标人组建的资格预审工作组负责资格预审。

（2）资格预审工作组按照资格预审文件中规定的资格评审条件，对所有潜在投标人提交的资格预审文件进行评审。

（3）资格预审完成后，资格预审工作组应提交由资格预审工作组成员签字的资格预审报告，并由招标人存档备查。

（4）经资格预审后，招标人应当向资格预审合格的潜在投标人发出资格预审合格通知书，告知获取招标文件的时间、地点和方法，并同时向资格预审不合格的潜在投标人告知资格预审结果。

《水利工程建设项目监理招标投标管理办法》第十七条规定，资格后审，是指在开标后，招标人对投标人进行资格审查，提出资格审查报告，经参审人员签字由招标人存档备查，同时交评标委员会参考。

图1-1　资格审查方式

（2）资格审查的重点

《工程建设项目施工招标投标办法》第二十条规定，资格审查应主要审查潜在投标人或者投标人是否符合下列条件：

①具有独立订立合同的权利；

②具有履行合同的能力，包括专业、技术资格和能力，资金、设备和其他物质设施状况，管理能力，经验、信誉和相应的从业人员；

③没有处于被责令停业，投标资格被取消，财产被接管、冻结，破产状态；

④在最近三年内没有骗取中标和严重违约及重大工程质量问题；

⑤国家规定的其他资格条件。

资格审查时，招标人不得以不合理的条件限制、排斥潜在投标人或者投标人，不得对潜在投标人或者投标人实行歧视待遇。任何单位和个人不得以行政手段或者其他不合理方式限制投标人的数量。

【想对考生说】

该部分知识点中，资格预审原则可能会考查分析判断类型的题目、简答类型的题目；资格审查的重点可能会考查分析判断类型的题目。

6. 招标文件的内容

《水利工程建设项目监理招标投标管理办法》第十九条规定，招标文件应当包括下列内容：（1）投标邀请书；（2）投标人须知；（3）书面合同书格式（大、中型项目的监理合同书应当使用《标准监理招标文件（2017年版）》，小型项目可参照使用）；（4）投标报价书、投标保证金和授权委托书、协议书和履约保函的格式；（5）必要的设计文件、图纸和有关资料；（6）投标报价要求及其计算方式；（7）评标标准与方法；（8）投标文件格式；（9）其他辅助资料。

> **【想对考生说】**
> 　该部分知识点中，资格预审原则可能会考查分析判断类型的题目、补充类型的题目。

【还会这样考】

某市全部采用市级财政资金投资的堤防工程建设项目，堤防等级为2级。采用资格后审的公开招标方式进行监理招标。招标文件要求：投标文件分为投标函、商务文件、技术文件三部分，均须单独密封。投标保证金10万元，与投标文件同时提交。

有A、B、C、D、E、F六个投标人参加了投标。六家投标人的资质情况如下：

（1）投标人A具有水利工程施工监理丙级资质。

（2）投标人B具有水利工程施工监理甲级资质。

（3）投标人C具有水利工程施工监理乙级资质。

（4）投标人D具有水利工程施工监理丙级资质。

（5）投标人E具有水利工程施工监理乙级资质。

（6）投标人F具有水利工程施工监理甲级资质。

【问题】

1. 各投标人的监理资质是否可以承担该项目？说明理由。

2. 根据《水利工程建设项目监理招标投标管理办法》，项目监理招标应当具备哪些条件？

【参考答案】

1. 本案例的堤防等级为2级，根据《水利工程建设监理单位资质管理办法》，乙级可以承担堤防2级以下的各等级水利工程施工监理业务。

因此：（1）投标人A具有水利工程施工监理丙级资质，不能承担该项目。

（2）投标人B具有水利工程施工监理甲级资质，可以承担该项目。

（3）投标人C具有水利工程施工监理乙级资质，可以承担该项目。

（4）投标人D具有水利工程施工监理丙级资质，不能承担该项目。

（5）投标人E具有水利工程施工监理乙级资质，可以承担该项目。

（6）投标人F具有水利工程施工监理甲级资质，可以承担该项目。

2.《水利工程建设项目监理招标投标管理办法》规定，项目监理招标应当具备下列条件：

（1）项目可行性研究报告或者初步设计已经批复；

（2）监理所需资金已经落实；

（3）项目已列入年度计划。

【想对考生说】

1．本案例问题1主要考核各级监理资质可以承担的工程范围。本题可根据《水利工程建设项目监理单位资质管理办法》第七条规定作答。

2．本案例问题2主要考核项目监理招标的条件。本题可根据《水利工程建设项目监理招标投标管理办法》第十一条规定作答。

二、监理投标

【考生必掌握】

1．投标人须具备的条件

《水利工程建设项目监理招标投标管理办法》第二十六条规定，投标人必须具有水利部颁发的水利工程建设监理资质证书，并具备下列条件：

（1）具有招标文件要求的资质等级和类似项目的监理经验与业绩；

（2）与招标项目要求相适应的人力、物力和财力；

（3）其他条件。

第二十七条规定，招标代理机构代理项目监理招标时，该代理机构不得参加或代理该项目监理的投标。

【想对考生说】

该部分知识点可能会考查分析判断类型的题目、简答类型的题目。

2．编制投标文件

《水利工程建设项目监理招标投标管理办法》第二十八条规定，投标人应当按照招标文件的要求编制投标文件。投标文件一般包括下列内容：

（1）投标报价书；

（2）投标保证金；

（3）委托投标时，法定代表人签署的授权委托书；

（4）投标人营业执照、资质证书以及其他有效证明文件的复印件；

（5）监理大纲；

（6）项目总监理工程师及主要监理人员简历、业绩、学历证书、职称证书以及监理工程师资格证书和岗位证书等证明文件；

（7）拟用于本工程的设施设备、仪器；

（8）近 3 ~ 5 年完成的类似工程、有关方面对投标人的评价意见以及获奖证明；

（9）投标人近 3 年财务状况；

（10）投标报价的计算和说明；

（11）招标文件要求的其他内容。

【想对考生说】

该部分知识点可能会考查分析判断类型的题目、简答类型的题目。

3. 监理评标标准与方法

监理评标标准与方法，见表 1-3。

监理评标标准与方法　　　　　　　　　　　　　　　　　　表 1-3

项目	内容
评标标准	《水利工程建设项目监理招标投标管理办法》第三十七条规定，项目监理评标标准和方法应当体现根据监理服务质量选择中标人的原则。评标标准和方法应当在招标文件中载明，在评标时不得另行制定或者修改、补充任何评标标准和方法。项目监理招标不宜设置标底。 第三十八条规定，评标标准包括投标人的业绩和资信、项目总监理工程师的素质和能力、资源配置、监理大纲以及投标报价等五个方面。其重要程度宜分别赋予 20%、25%、25%、20%、10% 的权重，也可根据项目具体情况确定
评标方法	《水利工程建设项目监理招标投标管理办法》第四十四条规定，评标方法主要分为综合评分法、两阶段评标法和综合评议法，可根据工程规模和技术难易程度选择采用。大、中型项目或者技术复杂的项目宜采用综合评分法或者两阶段评标法，项目规模小或者技术简单的项目可采用综合评议法。 （1）综合评分法。根据评标标准设置详细的评价指标和评分标准，经评标委员会集体评审后，评标委员会分别对所有投标文件的各项评价指标进行评分，去掉最高分和最低分后，其余评委评分的算术即为投标人的总得分。评标委员会根据投标人总得分的高低排序选择中标候选人 1 ~ 3 名。若候选人出现分值相同情况，则对分值相同的投标人改为投票法，以少数服从多数的方式，也可根据总监理工程师、监理大纲的得分高低决定次序选择中标候选人。 （2）两阶段评标法。对投标文件的评审分为两阶段进行。首先进行技术评审，然后进行商务评审。有关评审方法可采用综合评分法或综合评议法。评标委员会在技术评审结束之前，不得接触投标文件中商务部分的内容。 评标委员会根据确定的评审标准选出技术评审排序的前几名投标人，而后对其进行商务评审。根据规定的技术和商务权重，对这些投标人进行综合评价和比较，确定中标候选人 1 ~ 3 名。 （3）综合评议法。根据评标标准设置详细的评价指标，评标委员会成员对各个投标人进行定性比较分析，综合评议，采用投票表决的形式，以少数服从多数的方式，排序推荐中标候选人 1 ~ 3 名

【想对考生说】

该部分知识点可能会考查分析判断类型的题目、简答类型的题目、补充类型的题目。

4. 考试中可能涉及的内容

根据《标准监理招标文件（2017 年版）》，投标文件应包括下列内容：（1）投标函及投标函附录；（2）法定代表人身份证明或授权委托书；（3）联合体协议书；（4）投标保证金；（5）监理报酬清单；（6）资格审查资料；（7）监理大纲；（8）投标人须知附表规定的其他资料。

根据《标准监理招标文件（2017年版）》，监理大纲应包括（但不限于）下列内容：（1）监理工程概况；（2）监理范围、监理内容；（3）监理依据、监理工作目标；（4）监理机构设置（框图）、岗位职责；（5）监理工作程序、方法和制度；（6）拟投入的监理人员、试验检测仪器设备；（7）质量、进度、造价、安全、环保监理措施；（8）合同、信息管理方案；（9）组织协调内容及措施；（10）监理工作重点、难点分析；（11）对本工程监理的合理化建议。

根据《标准监理招标文件（2017年版）》第二章，"主要人员简历表"中总监理工程师应附身份证、学历证、职称证，注册监理工程师执业证书和社保缴费证明复印件，管理过的项目业绩须附合同协议书复印件；其他主要人员应附身份证、学历证、职称证、有关证书和社保缴费证明复印件。

【想对考生说】

该部分知识点可能会考查分析判断型、简答型、补充型的题目。

【历年这样考】

【2020年真题】

某新建泵站工程A市境内，工程总投资约5亿元，监理费批复概算约800万元，共划分为1个监理标段，招标文件依据《标准监理招标文件（2017年版）》编制，招标范围：建筑安装工程、机电及金属结构设备制造。招标过程中发生如下事件：

事件1：招标代理机构依法发布招标公告，载明了项目概况与招标范围、投标人资格、投标文件递交、发布媒介、联系方式等。

事件2：招标公告中要求投标人须具备的条件有：

（1）独立法人资格，A市以外投标人必须在A市注册分公司；

（2）具备水利部颁发的水利工程施工监理专业甲级资质；

（3）近5年至少具有1个类似项目业绩，类似项目是指监理合同价600万以上的泵站（或水电站）项目；

（4）在人员方面具有相应的监理能力，设备方面满足监理工作要求；

（5）总监理工程师持有水利部认可的相关监理资格证书，具有工程类正高级专业技术职称，在类似项目中担任过总监理工程师或副总监理工程师职务，应为本单位人员且不得在现有在建项目任职；

（6）信用良好，投标时无被限制投标情形。

事件3：某监理投标文件的人员费用计算表中，监理工程师人数和单价的乘积与合价不一致。开标后，监理投标人书面要求依据计算性错误的修正原则进行补正，评标委员会同意并安排招标代理机构予以补正，补正结果书面通知该监理投标人，该监理投标人书面予以回复。

【问题】

1. 除事件1列出的信息外，招标公告还应包括哪些信息？

2. 指出事件2中投标人资格条件要求的不妥之处，并说明理由。

3. 事件2中投标人投标时应提供的总监理工程师为本单位人员的证明材料有哪些？

4. 事件3中监理投标人和评标委员会做法的不妥之处；该计算性错误的修正原则是什么？

【参考答案】

1. 根据《标准监理招标文件（2017年版）》及除事件1列出的信息外，招标公告还应包括的信息有：

（1）招标条件；

（2）招标文件的获取。

2.（1）独立法人资格，A市以外投标人必须在A市注册分公司，不妥。

理由：资格审查时，招标人不得以不合理的条件限制、排斥潜在投标人或者投标人，不得对潜在投标人或者投标人实行歧视待遇。

（2）具备水利部颁发的水利工程施工监理专业甲级资质，不妥。

理由：仅有水利工程施工监理专业甲级资质不够，由于本工程招标范围还涉及机电及金属结构设备制造，所以还应具有机电及金属结构设备制造监理专业甲级资质。

（3）总监理工程师具有工程类正高级专业技术职称，不妥。

理由：总监理工程师、监理工程师应当具备监理工程师职业资格证书，总监理工程师还应当具有工程类高级专业技术职称。

3. 事件2中投标人投标时应提供的总监理工程师为本单位人员的证明材料有：劳动合同、社保记录、工资证明。

4.（1）事件3中监理投标人和评标委员会做法的不妥之处：

①监理投标人书面要求依据计算性错误的修正原则进行补正，不妥。投标人不得主动提出澄清、说明和补正。

②评标委员会同意并安排招标代理机构予以补正，不妥。评标委员会应拒绝该监理投标人的主动补正，评标委员会认为需要投标人作出必要澄清、说明的，应当书面通知该投标人，并不是安排招标代理机构予以补正。

（2）《工程建设项目施工招标投标办法》第五十三条规定，评标委员会在对实质上响应招标文件要求的投标进行报价评估时，除招标文件另有约定外，应当按下述原则进行修正：

①用数字表示的数额与用文字表示的数额不一致时，以文字数额为准；

②单价与工程量的乘积与总价之间不一致时，以单价为准。若单价有明显的小数点错位，应以总价为准，并修改单价。

按前款规定调整后的报价经投标人确认后产生约束力。

【想对考生说】

1. 本案例问题1主要考核水利工程监理招标中招标公告的内容。《标准监理招标文件（2017年版）》规定，招标公告包括：招标条件；项目概况与招标范围；投标人资格要求；招标文件的获取；投标文件的递交；发布公告的媒介；联系方式。本题考查的是补充类型的案例问题，根据《标准监理招标文件（2017年版）》中招标公告包括的内容，对背景资料中告知的信息进行排除，即可写出招标公告剩余内容。

2. 本案例问题2主要考核投标人须具备的条件、水利工程建设监理单位资质专业和等级。本题根据《水利工程建设项目监理招标投标管理办法》第十八条规定、《水利工程建设监理单位资质管理办法》第六条规定、《水利工程建设监理单位资质等级标准》中甲级监理单位资质条件等规定去解答。本题属于分析判断类型的题目，应逐条分析判断并说明理由。

3. 本案例问题3主要考核《水利工程施工转包违法分包等违法行为认定查处管理暂行办法》中本单位人员的定义。根据《水利工程施工转包违法分包等违法行为认定查处管理暂行办法》第五条规定，本办法所称本单位人员是指在本单位工作，并与本单位签订劳动合同，由本单位支付劳动报酬、缴纳社会保险的人员。

4. 本案例问题4主要考核水利工程监理项目投标中投标文件的修正。本题的解答依据是《工程建设项目施工招标投标办法》第五十一条、第五十二条、五十三条的规定。

第二节　施工招标及投标

一、招标的管理要求

【考生必掌握】

1. 水利工程招标范围和规模标准

根据《水利工程建设项目招标投标管理规定》和《必须招标的工程项目规定》，符合下列具体范围并达到规模标准之一的水利工程建设项目必须进行招标，见表1-4。

水利工程招标范围和规模标准 表 1-4

招标范围	规模标准
（1）关系社会公共利益、公共安全的防洪、排涝、灌溉、水力发电、引（供）水、滩涂治理、水土保持、水资源保护等水利工程建设项目； （2）使用预算资金 200 万元人民币以上，并且该资金占投资额 10% 以上的项目；使用国有企业事业单位资金，并且该资金占控股或者主导地位的项目； （3）使用世界银行、亚洲开发银行等国际组织贷款、援助资金的项目；使用外国政府及其机构贷款、援助资金的项目	（1）施工单项合同估算价在 400 万元人民币以上； （2）重要设备、材料等货物的采购，单项合同估算价在 200 万元人民币以上； （3）勘察、设计、监理等服务的采购，单项合同估算价在 100 万元人民币以上

【考生这样记】

招标范围这样记：关公电排灌，引涂持资源；预算二百占投十，国有事业占主控；世界开发、外政机构贷援助。

2. 水利工程招标方式

扫码学习

根据《水利工程建设项目招标投标管理规定》第九条规定，招标分为公开招标和邀请招标。水利工程招标方式具体规定，见表 1-5。

水利工程招标方式 表 1-5

公开招标	邀请招标
根据《水利工程建设项目招标投标管理规定》第十条规定，依法必须招标的项目中，国家重点水利项目、地方重点水利项目及全部使用国有资金投资或者国有资金投资占控股或者主导地位的项目应当公开招标	《招标投标法实施条例》第八条规定，国有资金占控股或者主导地位的依法必须进行招标的项目，应当公开招标；但有下列情形之一的，可以邀请招标：（1）技术复杂、有特殊要求或者受自然环境限制，只有少量潜在投标人可供选择；（2）采用公开招标方式的费用占项目合同金额的比例过大

【想对考生说】

1. 这里有可能考查直接问答型题目：哪些项目应当采用公开招标？哪些情形可以采用邀请招标？

2．也有可能要求考生根据背景资料中采取的招标方式进行判断，是否正确，不正确的还要求写出理由。

【还可这样考】

某河道整治工程在施工招标时，建设单位选择采用邀请招标的方式来选择施工单位，对符合条件的 5 家法人发出邀请函。

【问题】

根据《招标投标法实施条例》，在哪些情况下可以选择邀请招标？邀请招标是否需要发布招标公告和设置资格预审？

【参考答案】

可以选择邀请招标的情况：

（1）技术复杂、有特殊要求或者受自然环境限制，只有少量潜在投标人可供选择；

（2）采用公开招标方式的费用占项目合同金额的比例过大。

邀请招标不需要发布招标公告和设置资格预审。

3．水利工程施工招标条件

《水利工程建设项目招标投标管理规定》第十六条规定了水利工程施工招标的条件，如图 1-2 所示。

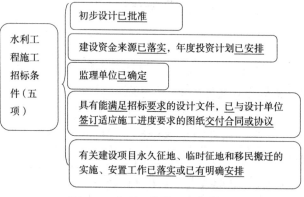

图 1-2　水利工程施工招标条件

【考生这样记】

设计已批，资金已落实、计划已安排，监理已确定，有设计文件、已签订合同协议，征地搬迁已安排。

【想对考生说】

在考试中还会涉及招标人应具备的条件，具体内容不具体讲述，考生还需掌握《招标投标法》第十二条、第十三条、第十四条，《招标投标法实施条例》第十条、第十二条，《工程建设项目施工招标投标办法》第八条的规定即可。

4. 属于以不合理条件限制、排斥潜在投标人或者投标人的行为（重点内容）

《招标投标法实施条例》第三十二条规定，招标人不得以不合理的条件限制、排斥潜在投标人或者投标人。招标人有下列行为之一的，属于以不合理条件限制、排斥潜在投标人或者投标人：

（1）就同一招标项目向潜在投标人或者投标人提供有差别的项目信息。

（2）设定的资格、技术、商务条件与招标项目的具体特点和实际需要不相适应或者与合同履行无关。

（3）依法必须进行招标的项目以特定行政区域或者特定行业的业绩、奖项作为加分条件或者中标条件。

（4）对潜在投标人或者投标人采取不同的资格审查或者评标标准。

（5）限定或者指定特定的专利、商标、品牌、原产地或者供应商。

（6）依法必须进行招标的项目非法限定潜在投标人或者投标人的所有制形式或者组织形式。

（7）以其他不合理条件限制、排斥潜在投标人或者投标人。

【想对考生说】

该知识点可以这样考查：考查分析判断型问题，如在背景资料中给出招标文件设置的投标人资质条件，要求考生就投标人资质条件进行分析判断其是否妥当，并说明理由；考查简答型问题，如根据《招标投标法实施条例》，招标人有哪些行为属于以不合理条件限制、排斥潜在投标人或者投标人。

【还会这样考】

某小（1）型水利水电工程为依法必须招标的政府投资项目，采用公开招标。工程建设内容为土方开挖、土方回填等，技术相对简单。招标文件设置的投标人资格条件中有如下内容：

（1）需具备水利水电工程施工总承包一级以上资质。

（2）获得过本省施工质量优秀奖项。

（3）变电所二次设备继电保护装置，要采用××企业生产的继电保护设备。

（4）本地企业注册资金不低于1000万元，外地企业注册资金不低于3000万元。

【问题】

1. 招标文件设置的投标人资格条件是否妥当，为什么？

2．水利工程施工招标条件包括哪些内容?

【参考答案】

1．招标文件设置的投标人资格条件是否妥当的判断及理由：

（1）投标人资格条件第（1）项，不妥。

理由：该案例为小（1）型水利水电工程，按相关规定，水利水电工程施工总承包三级资质即可承揽。具备水利水电工程施工总承包一级以上资质这个条件，属于《招标投标法实施条例》明确的，设定了资格与招标项目的实际需要不相适应的条件行为。

（2）投标人资格条件第（2）项，不妥。

理由：作为依法必须招标项目，要求获得当地的奖项，属于《招标投标法实施条例》明确的，招标人不得以不合理的条件限制、排斥潜在的投标人，不得对潜在投标人实施歧视待遇。

（3）投标人资格条件第（3）项，不妥。

理由：属于《招标投标法实施条例》明确的，不得指定特定的品牌或者供应商的行为。

（4）投标人资格条件第（4）项，不妥。

理由：属于《招标投标法实施条例》明确的，不得对潜在投标人或者投标人采取不同的资格审查标准的行为。

2．水利工程施工招标条件包括：

（1）初步设计已经批准。

（2）建设资金来源已落实，年度投资计划已经安排。

（3）监理单位已确定。

（4）具有能满足招标要求的设计文件，已与设计单位签订适应施工进度要求的图纸交付合同或协议。

（5）有关建设项目永久征地、临时征地和移民搬迁的实施、安置工作已经落实或已有明确安排。

【想对考生说】

1．本案例问题1主要考核属于以不合理条件限制、排斥潜在投标人或者投标人的行为，解题依据是《招标投标法实施条例》第三十二条规定。

2．本案例问题2主要考核水利工程施工招标条件，考生只要记住相关要点即可。

二、施工招标程序及具体要求

【考生必掌握】

1．水利工程施工招标程序

水利工程施工招标程序如图1-3所示。

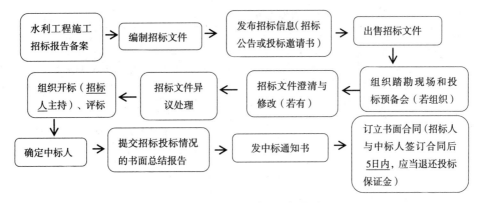

图1-3 水利工程施工招标程序

【想对考生说】

该知识点在考查时,可能会列出招标程序,要求考生判断招标程序是否正确,如不正确,要求说明理由。

2. 水利工程施工招标工作相关要求（重点考核内容）

（1）编制招标文件

根据《水利水电工程标准施工招标文件（2009年版）》,招标文件一般包括招标公告、投标人须知、评标办法、合同条款及格式、工程量清单、招标图纸、合同技术条款和投标文件格式等。

（2）发布招标公告

发布招标公告,见表1-6。

发布招标公告   表1-6

项目	内容
公告的发布	《招标公告和公示信息发布管理办法》第五条规定,依法必须招标项目的资格预审公告和招标公告,应当载明以下内容:（这里可以出简答类型的题目、补充类型的题目） （1）招标项目名称、内容、范围、规模、资金来源; （2）投标资格能力要求,以及是否接受联合体投标; （3）获取资格预审文件或招标文件的时间、方式; （4）递交资格预审文件或投标文件的截止时间、方式; （5）招标人及其招标代理机构的名称、地址、联系人及联系方式; （6）采用电子招标投标方式的,潜在投标人访问电子招标投标交易平台的网址和方法; （7）其他依法应当载明的内容
招标公告发布媒介	《招标公告和公示信息发布管理办法》第八条规定,依法必须招标项目的招标公告和公示信息应当在"中国招标投标公共服务平台"或者项目所在地省级电子招标投标公共服务平台发布

（3）资格审查

资格审查见表1-7。

资格审查 表1-7

项目	内容
资格审查方式	《工程建设项目施工招标投标办法》第十七条规定，资格审查分为资格预审和资格后审。资格预审，是指在投标前对潜在投标人进行的资格审查。资格后审，是指在开标后对投标人进行的资格审查。进行资格预审的，一般不再进行资格后审，但招标文件另有规定的除外
资格审查的重点	《工程建设项目施工招标投标办法》第二十条规定，资格审查应主要审查潜在投标人或者投标人是否符合下列条件： （1）具有独立订立合同的权利； （2）具有履行合同的能力，包括专业、技术资格和能力，资金、设备和其他物质设施状况，管理能力，经验、信誉和相应的从业人员； （3）没有处于被责令停业，投标资格被取消，财产被接管、冻结，破产状态； （4）在最近三年内没有骗取中标和严重违约及重大工程质量问题； （5）国家规定的其他资格条件。 资格审查时，招标人不得以不合理的条件限制、排斥潜在投标人或者投标人，不得对潜在投标人或者投标人实行歧视待遇。任何单位和个人不得以行政手段或者其他不合理方式限制投标人的数量 【2020年案例二第2问考查了该知识点】
相关数值类规定（这里可以出分析判断类型的题目）	资格预审文件和招标文件的发售期不得少于5日。提交资格预审申请文件的时间，自资格预审文件停止发售之日起，不得少于5日。 招标人应当向3个以上有投标资格的法人或其他组织发出投标邀请书。投标人少于3个的，招标人应当重新招标
发出资格预审结果通知书	资格预审结束后，招标人应当及时向资格预审申请人发出资格预审结果通知书。未通过资格预审的申请人不具有投标资格

【想对考生说】

资格审查的内容均是考生需要掌握的内容，其中资格审查的重点这个知识点在2020年考试中以分析判断类型的题目进行了考查。

（4）组织踏勘现场和投标预备会

《工程建设项目施工招标投标办法》第三十二条第（二）款规定，招标人不得单独或者分别组织任何一个投标人进行现场踏勘。

第三十三条规定，对于潜在投标人在阅读招标文件和现场踏勘中提出的疑问，招标人可以书面形式或召开投标预备会的方式解答，但需同时将解答以书面方式通知所有购买招标文件的潜在投标人。该解答的内容为招标文件的组成部分。

（5）文件的澄清和修改

《招标投标法实施条例》第二十一条规定，招标人可以对已发出的资格预审文件或者招标文件进行必要的澄清或者修改。澄清或者修改的内容可能影响资格预审申请文件或者投标文件编制的，招标人应当在提交资格预审申请文件截止时间至少3日前，或者投标截止时间至少15日前，以书面形式通知所有获取资格预审文件或者招标文件的潜在投标人;<u>不足 3 日或者 15 日的</u>,招标人应当<u>顺延</u>提交资格预审申请文件或者投标文件的截止时间。

（6）对文件的异议

《招标投标法实施条例》第二十二条规定,潜在投标人或者其他利害关系人对资格预审文件有异议的,应当在提交资格预审申请文件截止时间 <u>2 日前</u>提出;对招标文件有异议的,应当在投标截止时间 <u>10 日前</u>提出。招标人应当自收到异议之日起 <u>3 日内</u>作出答复;作出答复前,应当暂停招标投标活动。

（7）编制标底和最高投标限价

《招标投标法实施条例》第二十七条规定,招标人可以自行决定是否编制标底。一个招标项目只能有<u>一个标底</u>。标底<u>必须保密</u>。招标人设有最高投标限价的,应当在招标文件中明确最高投标限价或者最高投标限价的计算方法。<u>招标人不得规定最低投标限价</u>。

第五十条规定,招标项目设有标底的,招标人应当在开标时公布。标底只能作为评标的参考,<u>不得以投标报价是否接近标底作为中标条件</u>,也<u>不得以投标报价超过标底上下浮动范围作为否决投标的条件</u>。

（8）中标人的确定

中标人的确定,见表 1-8。

中标人的确定　　　　　　　　　　　　　　　　　　　　　　　　　　表 1-8

项目	内容
确定方式	《招标投标法》规定,招标人根据评标委员会提出的书面评标报告和推荐的中标候选人确定中标人。招标人也可以授权评标委员会直接确定中标人
中标候选人人数	《评标委员会和评标方法暂行规定》第四十五条规定,评标委员会推荐的中标候选人应当限定在<u>一至三人</u>,并标明排列顺序
中标人确定的规定	（1）《招标投标法实施条例》第五十五条规定,国有资金占控股或者主导地位的依法必须进行招标的项目,<u>招标人应当确定排名第一的中标候选人为中标人</u>。排名第一的中标候选人放弃中标、因不可抗力不能履行合同、不按照招标文件要求提交履约保证金,或者被查实存在影响中标结果的违法行为等情形,不符合中标条件的,招标人可以按照评标委员会提出的中标候选人名单排序依次确定其他中标候选人为中标人,也可以重新招标。 （2）《水利工程建设项目招标投标管理规定》第五十一条规定,当招标人确定的中标人与评标委员会推荐的中标候选人顺序不一致时,应当有充足的理由,并按项目管理权限报水行政主管部门备案。 （3）《招标投标法》第四十三条规定,在确定中标人前,招标人不得与投标人就投标价格、投标方案等实质性内容进行谈判。 （4）《招标投标法》第四十五条规定,中标人确定后,招标人应当向中标人发出中标通知书,并同时将中标结果通知所有未中标的投标人。中标通知书对招标人和中标人具有法律效力。 （5）《评标委员会和评标方法暂行规定》第四十条规定,评标和定标应当在投标有效期内完成。不能在投标有效期结束日 <u>30 个工作日</u>前完成评标和定标的,招标人应当通知所有投标人延长投标有效期。 （6）《水利水电工程标准施工招标文件（2009 年版）》规定,发出中标通知书后,招标人无正当理由拒签合同的,招标人向中标人退还投标保证金,并按<u>投标保证金双倍的金额补偿投标人损失</u>

【想对考生说】

该知识点在考查时，可以考查分析判断类型的题目，即背景资料给出相关发生的事件，要求考生判断确定的中标人是否符合条件，如不正确还要求说明理由。该知识点在考查时，往往还会结合重新招标的内容进行考查。

（9）重新招标

根据《水利水电工程标准施工招标文件（2009年版）》，有下列情形之一的，招标人将重新招标：

①投标截止时间止，投标人少于3个的；

②经评标委员会评审后否决所有投标的；

③评标委员会否决不合格投标或者界定为废标后因有效投标人不足3个使得投标明显缺乏竞争，评标委员会决定否决全部投标的；

④同意延长投标有效期的投标人少于3个的；

⑤中标候选人均未与招标人签订合同的。

重新招标后，仍出现上述规定情形之一的，属于必须审批的水利工程建设项目，经行政监督部门批准后不再进行招标。

【还会这样考】

案例一

某河道治理工程施工1标建设内容为新建一座涵洞，招标文件依据《水利水电工程标准施工招标文件（2009年版）》编制，工程量清单采用清单计价格式。招标文件规定：

（1）除措施项目外，其他工程项目采用单价承包方式。

（2）最高投标限价490万元，超过限价的投标报价为无效报价。

（3）发包人不提供材料和施工设备，也不设定暂估价项目。

投标截止时间10天前，招标人未接到招标文件异议，在招标和合同管理过程中发生以下事件：投标人A提交的投标报价函及附件正本1份，副本4份，函标明投标总报价优惠5%，随同投标文件递交了投标保证金，投标保证金来源于工程所在省分公司资产。评标公示期结束后第二天，未中标的投标人A向该项目招标投标行政监督部门投诉，以最高投标限价违反法规为由，要求重新招标。

【问题】

1. 依据背景资料，根据《招标投标法实施条例》《水利水电工程标准施工招标文件（2009年版）》的相关规定，指出事件1中投标人A投标行为的不妥之处，并说明正确的做法。

2. 根据《水利水电工程标准施工招标文件（2009年版）》，有哪些情形的，招标人将重新招标？

【参考答案】

1. 根据《招标投标法实施条例》《水利水电工程标准施工招标文件（2009年版）》的相关规定，事件1中投标人A投标行为的不妥之处及正确做法具体如下：

（1）不妥之处：投标报价修正函标明投标总报价优惠5%。

正确做法：不能从投标总价直接优惠，应从综合单价中优惠。实行工程量清单招标，投标人在进行工程项目工程量清单招标的投标报价时，不能进行投标总价优惠（或降价、让利），投标人对招标人的任何优惠（或降价、让利）均应反映在相应清单项目的综合单价中。

（2）不妥之处：投标保证金来源于工程所在省分公司资产。

正确做法：投标保证金应当从公司基本账户转出。依法必须进行招标的项目的境内投标单位，以现金或者支票形式提交的投标保证金应当从其基本账户转出。

（3）不妥之处：评标公示期结束后第二天，投标人A提出投诉。

正确做法：投诉应在评标公示期间提出。投标人或者其他利害关系人对依法必须进行招标的项目的评标结果有异议的，应当在中标候选人公示期间提出。

（4）不妥之处：以最高投标限价违反法规为由，要求重新招标。

正确做法：投标报价不得高于最高投标限价，投标人不应以最高投标限价违反法律法规为由要求重新招标。

2. 根据《水利水电工程标准施工招标文件（2009年版）》，有下列情形之一的，招标人将重新招标：（1）投标截止时间止，投标人少于3个的；（2）经评标委员会评审后否决所有投标的；（3）评标委员会否决不合格投标或者界定为废标后因有效投标人不足3个使得投标明显缺乏竞争，评标委员会决定否决全部投标的；（4）同意延长投标有效期的投标人少于3个的；（5）中标候选人均未与招标人签订合同的。

【想对考生说】

1. 本案例问题1主要考核投标保证金、投标报价的内容，解题依据是《招标投标法实施条例》《水利水电工程标准施工招标文件（2009年版）》。根据《招标投标法实施条例》和《水利水电工程标准施工招标文件（2009年版）》的相关规定：

（1）投标保证金的具体要求如下：①以现金或者支票形式提交的投标保证金应当从其基本账户转出。②联合体投标的，其投标保证金由牵头人递交，并应符合招标文件的规定。③投标人不按要求提交投标保证金的，其投标文件作废标处理。④招标人与中标人签订合同后5个工作日内，向未中标的投标人和中标人退还投标保证金及相应利息。⑤投标保证金与投标有效期一致。投标人在规定的投标有效期内撤销或修改其投标文件，或中标人在收到中标通知书后，无正当理由拒签合同协议书或未按招标文件规定提交履约担保的，投标保证金将不予退还。

（2）投标人或者其他利害关系人对依法必须进行招标的项目的评标结果有异议的，应当在中标候选人公示期间提出。招标人应当自收到异议之日起3日内作出答复；作出答复前，应当暂停招标投标活动。未在规定时间提出异议的，不得再针对评标提出投诉。

标底只能作为评标的参考，不得以投标报价是否接近标底作为中标条件，也不得以投标报价超过标底上下浮动范围作为否决投标的条件。招标人设有最高投标限价的，应当在招标文件中明确最高投标限价或者最高投标限价的计算方法。招标人不得规定最低投标限价。最终报价应该是优惠后最后的价格，优惠后的总价应该按修改的工程量清单中的相应报价，并附修改后的单价分析表或措施项。投标报价不得高于最高投标限价。

2．本案例问题2主要考核重新招标，解题依据是《水利水电工程标准施工招标文件（2009年版）》。

案例二

某水利水电工程项目采取公开招标方式招标，招标人依据《水利水电工程标准施工招标文件（2009年版）》编制招标文件。招标文件明确：承包人应具有相应资质和业绩要求、具有AA及以上的信用等级；投标有效期为60天；投标保证金为50万元整。

该项目招标投标及实施过程中发生如下事件：

事件1：A投标人在规定的时间内，就招标文件设定信用等级作为资格审查条件，向招标人提出书面异议。

事件2：该项目因故需要暂停评标，招标人以书面形式通知所有投标人延长投标有效期至90天。B投标人同意延长投标有效期，但同时要求局部修改其投标文件，否则拒绝延长。

事件3：C投标人提交全部投标文件后发现报价有重大失误，在投标截止时间前，向招标人递交了书面文件，要求撤回投标文件，放弃本次投标。

事件4：投标人D中标并与发包人签订施工总承包合同。根据合同约定，总承包人D把土方工程分包给具有相应资质的分包人E，并与之签订分包合同，且口头通知发包人。分包人E按照规定设立项目管理机构，其中，项目负责人、质量管理人员等均为本单位人员。

事件5：监理工程师检查时发现局部土方填筑压实度不满足设计要求，立即向分包人E下达了书面整改通知。分包人E整改后向监理机构提交了回复单。

【问题】

1．针对事件1，招标人应当如何处理？

2．针对事件2，B投标人提出修改其投标文件的要求是否妥当？说明理由。招标人应如何处理该事件?

3．事件 3 中，招标人应如何处理 C 投标人撤回投标文件的要求?

4．指出并改正事件 4 中不妥之处，分包人 E 设立的项目管理机构中，还有哪些人员必须是本单位人员?

5．指出并改正事件 5 中不妥之处。

【参考答案】

1．针对事件 1，招标人收到异议之日起 3 日内作出答复;作出答复前，应当暂停招标投标活动。

2．针对事件 2，B 投标人提出修改其投标文件的要求，不妥。

理由:同意延长投标有效期的投标人应当相应延长其投标担保的有效期，但不得修改投标文件的实质性内容。

招标人应按下述方法处理该事件:拒绝延长投标有效期的投标人有权收回投标保证金，因延长投标有效期造成投标人损失的，招标人应当给予补偿，但因不可抗力需延长投标有效期的除外。

3．事件 3 中，招标人同意 C 投标人撤回投标文件的要求。招标人已收取投标保证金的，应当自收到投标人书面撤回通知之日起 5 日内退还。

4．(1)指出并改正事件 4 中不妥之处:

不妥之处:工程分包口头通知发包人。

改正:工程分包应在施工合同中约定，或经项目法人书面认可。

(2)本单位人员还包括:技术负责人、财务负责人、安全管理人员。

5．指出并改正事件 5 中不妥之处:

(1)不妥之处:监理工程师向分包人 E 下达了书面整改通知。

改正:监理工程师向总承包人 D 下达书面整改通知，总承包人 D 再通知分包人 E 整改。

(2)不妥之处:分包人 E 整改后向监理机构提交了回复单。

改正:分包人 E 整改后向总承包人 D 提交回复单，总承包人 D 再提交给监理机构。

【想对考生说】

1．本案例问题 1 主要考核对文件的异议。《招标投标法实施条例》第二十二条规定，潜在投标人或者其他利害关系人对资格预审文件有异议的，应当在提交资格预审申请文件截止时间 2 日前提出;对招标文件有异议的，应当在投标截止时间 10 日前提出。招标人应当自收到异议之日起 3 日内作出答复;作出答复前，应当暂停招标投标活动。

2．本案例问题2主要考核投标有效期的延长。《评标委员会和评标方法暂行规定》第四十条规定，评标和定标应当在投标有效期内完成。不能在投标有效期结束日30个工作日前完成评标和定标的，招标人应当通知所有投标人延长投标有效期。拒绝延长投标有效期的投标人有权收回投标保证金。同意延长投标有效期的投标人应当相应延长其投标担保的有效期，但不得修改投标文件的实质性内容。因延长投标有效期造成投标人损失的，招标人应当给予补偿，但因不可抗力需延长投标有效期的除外。

3．本案例问题3主要考核投标保证金的延长。《招标投标法实施条例》第三十五条规定，投标人撤回已提交的投标文件，应当在投标截止时间前书面通知招标人。招标人已收取投标保证金的，应当自收到投标人书面撤回通知之日起5日内退还。投标截止后投标人撤销投标文件的，招标人可以不退还投标保证金。

4．本案例问题4主要考核违法分包。根据《水利建设工程施工分包管理规定》第十五条规定，承包人和分包人应当设立项目管理机构，组织管理所承包或分包工程的施工活动。项目管理机构应当具有与所承担工程的规模、技术复杂程度相适应的技术、经济管理人员。其中项目负责人、技术负责人、财务负责人、质量管理人员、安全管理人员必须是本单位人员。

第十七条规定，禁止将承包的工程进行违法分包。承包人有下列行为之一者，属违法分包：(1)承包人将工程分包给不具备相应资质条件的分包人的；(2)将主要建筑物主体结构工程分包的；(3)施工承包合同中未有约定，又未经项目法人书面认可，承包人将工程分包给他人的；(4)分包人将工程再次分包的；(5)法律、法规、规章规定的其他违法分包工程的行为。

5．本案例问题5主要考核暂停施工的处理。根据《水利工程施工监理规范》SL 288—2014第6.3.5条第1款的规定，在发生下列情况之一时，监理机构应提出暂停施工的建议，报发包人同意后签发暂停施工指示：(1)工程继续施工将会对第三者或社会公共利益造成损害。(2)为了保证工程质量、安全所必要。(3)承包人发生合同约定的违约行为，且在合同约定时间内未按监理机构指示纠正其违约行为，或拒不执行监理机构的指示，从而将对工程质量、安全、进度和资金控制产生严重影响，需要停工整改。

第6.3.6条规定，发生第6.3.5条第1款暂停施工情形时，发包人在收到监理机构提出的暂停施工建议后，应在施工合同约定时间内予以答复；若发包人逾期未答复，则视为其已同意，监理机构可据此下达暂停施工指示。

本题中，发包人与分包人存在合同关系，分包人与监理单位没有合同关系。因此是监理单位向总承包人下达书面整改通知，总承包人再通知分包人整改；分包人E整改后向总承包人提交回复单，总承包人再提交给监理机构。

三、投标程序及具体要求

【考生必掌握】

1. 投标文件内容

扫码学习

施工投标文件一般应包括以下内容：（1）投标函及投标函附录；（2）法定代表人身份证明或附有法定代表人身份证明的授权委托书；（3）联合体协议书；（4）投标保证金；（5）已标价工程量清单；（6）施工组织设计；（7）项目管理机构；（8）拟分包项目情况表；（9）资格审查资料；（10）原件的复印件；（11）投标人须知前附表规定的其他材料。

> **【想对考生说】**
>
> 1. 这里有可能考查直接问答型题目：施工投标文件一般应包括哪些内容？
>
> 2. 也有可能考查补充类型的题目：如在背景资料中给出部分施工投标文件的内容，让考生补充其余的施工投标文件内容。

2. 水利工程投标程序及具体要求

投标程序：编制投标文件→遵守投标有效期约束→递交投标保证金→参加开标会→按评标委员会要求澄清和补正投标文件→评标公示期。

投标程序具体要求，见表1-9。

投标程序具体要求　　　　　　　　　　　　　　　　　　　　　　　　　　表1-9

项目	内容
编制投标文件	投标文件应按招标文件要求编制，未响应招标文件实质性要求的作无效标处理。在编制投标文件时需要注意的是签字盖章、份数要求（正1副4）、A4纸装订、同时修改报价
遵守投标有效期约束	投标有效期一般为56天，若投标人同意延长，则延长其投标保证金的有效期；若不同意延长，则投标失效
递交投标保证金	投标保证金不得超过招标项目估算价的2%。提交的具体要求： （1）以现金或者支票形式提交的投标保证金应当从其基本账户转出。 （2）联合体投标的，其投标保证金由牵头人递交，并应符合招标文件的规定。 （3）投标人不按要求提交投标保证金的，其投标文件作无效标处理。 （4）招标人与中标人签订合同后5个工作日内，向未中标的投标人和中标人退还投标保证金及相应利息。

续表

项目	内容
递交投标保证金	（5）投标保证金与投标有效期一致。投标人在规定的投标有效期内撤销或修改其投标文件，或中标人在收到中标通知书后，无正当理由拒签合同协议书或未按招标文件规定提交履约担保的，招标人可不予退还投标保证金
参加开标会	投标人在投标截止时间前，将密封好的投标文件向招标人递交（文件密封不符合招标文件要求的或逾期送达的，将不被接受）。 法定代表人或委托代理人持有本人身份证件及法定代表人或委托代理人证明文件参加开标会
按评标委员会要求澄清和补正投标文件	（1）投标人不得主动提出澄清、说明或补正。 （2）澄清、说明和补正不得改变投标文件的实质性内容（算术性错误修正的除外）。投标文件中的大写金额和小写金额不一致的，以大写金额为准；总价金额与单价金额不一致的，以单价金额为准。若单价有明显的小数点错位，应以总价为准，并修改单价。 （3）投标人的书面澄清、说明和补正属于投标文件的组成部分。 （4）拒不按照要求对投标文件进行澄清、说明或者补正的，评标委员会可以否决其投标，其投标文件无效 （在此过程中投标人是属于被动方，评标委员会是主动方）【2020年案例三第4问进行了考查】
评标公示期	当自收到评标报告之日起3日内公示中标候选人，中标候选人不超过3人，公示期不得少于3日，招标人3日内对异议做出答复

【想对考生说】

考生要注意掌握上述画线部分的内容，往往命题人就在此处出题。

3. 投标人资格

水利水电工程投标人应具备与拟承担招标项目施工相适应的资质、财务状况、信誉等资格条件。

（1）资质

根据《建筑业企业资质等级标准》，水利水电工程建筑业企业资质等级分为总承包（水利水电工程分为特级、一级、二级、三级）、专业承包（分为水工金属结构制作与安装工程、水利水电机电安装工程、河湖整治工程3个专业，每个专业等级分为一级、二级、三级）和劳务分包三个序列。

相应承包工程范围，见表1-10。

相应承包工程范围　　　　　　　　　　　　　　　　　　表1-10

总承包资质承包范围	
特级资质	可承担水利水电工程的施工总承包、工程总承包和项目管理业务
一级资质	可承担各类型水利水电工程的施工
二级资质	可承担工程规模中型以下水利水电工程和建筑物级别3级以下水工建筑物的施工，但下列工程规模限制在以下范围内：坝高70m以下、水电站总装机容量150MW以下、水工隧洞洞径小于8m（或断面积相等的其他形式）且长度小于1000m、堤防级别2级以下

续表

总承包资质承包范围	
三级资质	可承担单项合同额 6000 万元以下的下列水利水电工程的施工，小（1）型以下水利水电工程和建筑物级别 4 级以下水工建筑物的施工总承包，但下列工程限制在以下范围内：坝高 40m 以下、水电站总装机容量 20MW 以下、泵站总装机容量 800kW 以下、水工隧洞洞径小于 6m（或断面面积相等的其他形式）且长度小于 500m、堤防级别 3 级以下
河湖整治工程专业承包范围	
一级企业	可承担各类河道、水库、湖泊以及沿海相应工程的河势控导、险工处理、疏浚与吹填、清淤、填塘固基工程的施工
二级企业	可承担堤防工程级别 2 级以下堤防相应的河道、湖泊的河势控导、险工处理、疏浚与吹填、填塘固基工程的施工
三级企业	可承担堤防工程级别 3 级以下堤防相应的河湖疏浚整治工程及吹填工程的施工

（2）财务状况

包括注册资本金、净资产、利润、流动资金投入等方面。其中，"近 3 年财务状况表"（经会计师事务所或审计机构审计），包括资产负债表、现金流量表、利润表和财务情况说明书的复印件。

（3）投标人业绩

投标人业绩一般指类似工程业绩。业绩的类似性包括功能、结构、规模、造价等方面。投标人业绩以合同工程完工证书颁发时间为准。投标人应按招标文件要求填报"近 5 年完成的类似项目情况表"，并附中标通知书和（或）合同协议书、工程接收证书（工程竣工验收证书）、合同工程完工证书的复印件。

（4）信誉

投标人应当具有良好的信誉。投标单位及其法定代表人、拟任项目负责人开标前有行贿犯罪记录，投标单位被列入政府采购严重违法失信行为记录名单且被限制投标的、重大税收违法案件当事人、失信被执行人或在国家企业信用信息公示系统列入严重违法失信企业名单，有上述情形之一的将否决其投标。

（5）项目经理资格

由本单位的水利水电工程专业注册建造师担任。有一定数量类似工程业绩，具备有效的安全生产考核合格证书。

（6）其他要求

①营业执照应在有效期内，无年检不合格或被吊销营业执照等情况。

②投标人应持有有效的安全生产许可证，没有被吊销安全生产许可证等情况。

③投标人应按招标文件要求填报"投标人基本情况表"，并附营业执照和安全生产许可证正、副本复印件。

④投标人的单位负责人应当具备有效的安全生产考核合格证书（A 类），专职安全

生产管理人员应当具备有效的安全生产考核合格证书（C类）。

⑤不存在被责令停业的、被暂停或取消投标资格的、财产被接管或冻结的以及在最近三年内有骗取中标或严重违约或重大工程质量问题的情形。

⑥委托代理人、安全管理人员（专职安全生产管理人员）、质量管理人员、财务负责人应是投标人本单位人员。本单位人员是指在本单位工作，并与本单位签订劳动合同，由本单位支付劳动报酬、缴纳社会保险的人员。【2020年案例二第3问进行了考查】

4. 投标报价策略

投标报价策略，见表1-11。

投标报价策略　　　　　　　　　　　　　　　　　　　表1-11

策略	情形
投标报价高报	施工条件差的工程；专业要求高且公司有专长的技术密集型工程；合同估算价低、自己不愿做、又不方便不投标的工程；工期要求急的工程；投标竞争对手少的工程；支付条件不理想的工程；风险较大的特殊的工程
投标报价低报	施工条件好、工作简单、工程量大的工程；有策略开拓某一地区市场；在某地区面临工程结束，机械设备等无工地转移时；本公司在待发包工程附近有项目，而本项目又可利用该工程的设备、劳务，或有条件短期内突击完成的工程；投标竞争对手多的工程；工期宽松的工程；支付条件好的工程
不平衡报价	是指按工程量清单估算的总价保持不变的情况下，考虑资金的时间价值提前收回工程款、预测实际工程量的变化获得额外的经济效益等的一种投标报价技巧。通过对提高前期工程的报价、降低后期工程的报价实现工程款的提前收取；或者利用工程量清单中的错误和漏洞或设计不完善等方面的问题，调高工程量可能增加部分的单价，降低工程量可能减少部分的单价，以期在结算时获得更多的收益。一般可以考虑在以下几方面采用该报价技巧： （1）能够早日结账收款的项目（如临时工程费、基础工程、土方开挖等），单价可适当提高。 （2）预计今后工程量会增加的项目，单价适当提高。 （3）招标图纸不明确，估计修改后工程量要增加的，可以提高单价；对工程内容不清楚的，则可适当降低一些单价，待澄清后可再要求提价
计日工单价可高报	计日工不计入总价，可以高报
无利润报价	中标后，拟将大部分工程分包给报价较低的一些分包商；分期建设的项目，先以低价获得首期工程；较长时期内承包商没有在建的工程项目
增加建议方案法	也称附加方案法。该方法是指招标文件明确的投标人可以另外提交的建议性的备选方案。投标人在投标时要充分利用规则，对招标文件进行仔细研究，提出更为合理的方案，以增加自己的中标机会，这种建议方案可以降低总造价或是缩短工期
突然降价法	是一种迷惑对手的投标手段，防止在投标文件编制等环节中存在泄漏投标报价的可能，所以在投标过程中，仍按正常情况报价，等到投标截止时间来临时突然降价，向招标人报送一个比原报价低的价格，使竞争对手在毫无准备的情况下无法与其在价格上进行竞争

【想对考生说】

　　本考点在考查时，可以考查分析判断型的题目，即考生可根据背景资料中给出的具体信息去分析判断所采用的投标报价技巧是否正确，或让考生根据背景资料中给出的具体信息写出投标人运用了哪几种报价技巧；可以出简答题，如投标报价策略包括哪些。

【还会这样考】

　　某水利工程施工招标文件依据《水利水电工程标准施工招标文件（2009 年版）》编制。招标投标及合同管理过程中发生如下事件：

　　事件 1：评标方法采用综合评估法。投标总报价分值为 40 分，偏差率为 −3% 时得满分，在此基础上，每上升一个百分点扣 2 分，每下降一个百分点扣 1 分，扣完为止，报价得分取小数点后 1 位。偏差率 ＝（投标报价 − 评标基准价）/ 评标基准价 ×100%，百分率计算结果保留小数点后 1 位。评标基准价 ＝ 最高投标限价 ×40%＋ 所有投标人投标报价的算术平均值 ×60%，投标报价应不高于最高投标限价 7000 万元，并不低于最低投标限价 5000 万元。

　　招标文件合同部分关于总价子目的计量和支付方面内容如下：

　　（1）除价格调整因素外，总价子目的计量与支付以总价为基础，不得调整；

　　（2）承包人应按照工程量清单要求对总价子目进行分解；

　　（3）总价子目的工程量是承包人用于结算的最终工程量；

　　（4）承包人实际完成的工程量仅作为工程目标管理和控制进度支付的依据；

　　（5）承包人应按照批准的各总价子目支付周期对已完成的总价子目进行计量。

　　某投标人在阅读上述内容时，存在疑问并发现不妥之处，通过一系列途径要求招标人修改完善招标文件，未获解决。为维护自身权益，依法提出诉讼。

　　事件 2：投标前，该投标人召开了投标策略讨论会，拟采取不平衡报价，分析其利弊。讨论会上部分观点如下：

　　观点 1：本工程基础工程结算时间早，其单价可以高报；

　　观点 2：本工程支付条件苛刻，投标报价可高报；

　　观点 3：边坡开挖工程量预计会增加，其单价适当高报；

　　观点 4：启闭机房和桥头堡装饰装修工程图纸不明确，估计修改后工程量要减少，可低报；

　　观点 5：机电安装工程工期宽松，相应投标报价可低报。

【问题】

　　1. 根据事件 1，指出投标报价有关规定中的疑问和不妥之处。指出并改正总价子目的计量与支付内容中的不妥之处。

　　2. 事件 2 中，哪些观点符合不平衡报价适用条件？

【参考答案】

1.（1）投标报价有关规定中的疑问和不妥之处如下：

①招标人规定最低投标限价；

②参与计算评标基准价的投标人是否需通过初步评审，不明确；

③投标报价得分是否允许插值，不明确。

（2）总价子目的计量与支付内容中的不妥之处及改正如下：

①"除价格调整因素外，总价子目的计量与支付以总价为基础，不得调整"不妥。

改正：总价子目的计量与支付应以总价为基础，不因价格调整因素而进行调整。

②"总价子目的工程量是承包人用于结算的最终工程量"不妥。

改正：除变更外，总价子目的工程量是承包人用于结算的最终工程量。

2.观点1、观点3和观点4符合不平衡报价适用条件。

【想对考生说】

1.本案例问题1主要考核投标报价的相关内容及总价子目的计量与支付。

（1）根据《招标投标法实施条例》，招标人不得规定最低投标限价，可以设有最高投标限价。

（2）根据《水利水电工程标准施工招标文件（2009年版）》：总价子目的分解和计量按照下述约定进行：

①总价子目的计量和支付应以总价为基础，不因价格调整因素而进行调整。承包人实际完成的工程量，是进行工程目标管理和控制进度支付的依据。

②承包人应按工程量清单的要求对总价子目进行分解，并在签订协议书后的28天内将各子目的总价支付分解表提交监理人审批。分解表应标明其所属子目和分阶段需支付的金额。承包人应按批准的各总价子目支付周期，对已完成的总价子目进行计量，确定分项的应付金额列入进度付款申请单中。

③监理人对承包人提交的上述资料进行复核，以确定分阶段实际完成的工程量和工程形象目标。对其有异议的，可要求承包人进行共同复核和抽样复测。

④除变更外，总价子目的工程量是承包人用于结算的最终工程量。

2.本案例问题2主要考核不平衡报价。一般可以考虑在以下几方面采用不平衡报价：

（1）能够早日结账收款的项目（如临时工程费、基础工程、土方开挖等），单价可适当提高；

（2）预计今后工程量会增加的项目，单价适当提高；

（3）招标图纸不明确，估计修改后工程量要增加的，可以提高单价；而工程内容解说不清楚的，则可适当降低一些单价，待澄清后可再要求提价。

四、评标

【考生必掌握】

1. 评标委员会

（1）《水利工程建设项目招标投标管理规定》第四十条规定，评标工作由评标委员会负责。评标委员会由招标人的代表和有关技术、经济、合同管理等方面的专家组成，成员人数为七人以上单数，其中专家（不含招标人代表人数）不得少于成员总数的三分之二。

（2）《水利工程建设项目招标投标管理规定》第四十一条规定，公益性水利工程建设项目中，中央项目的评标专家应当从水利部或流域管理机构组建的评标专家库中抽取；地方项目的评标专家应当从省、自治区、直辖市人民政府水行政主管部门组建的评标专家库中抽取，也可从水利部或流域管理机构组建的评标专家库中抽取。

（3）《水利工程建设项目招标投标管理规定》第四十二条规定，评标专家的选择应当采取随机的方式抽取。根据工程特殊专业技术需要，经水行政主管部门批准，招标人可以指定部分评标专家，但不得超过专家人数的三分之一。

（4）《水利工程建设项目招标投标管理规定》第四十三条规定，评标委员会成员不得与投标人有利害关系。所指利害关系包括：是投标人或其代理人的近亲属；在 5 年内与投标人曾有工作关系；或有其他社会关系或经济利益关系。评标委员会成员名单在招标结果确定前应当保密。

【想对考生说】

该知识点在掌握时，第（1）、（2）项要重点掌握，这两点很有可能会考查分析判断类型的题目，比如分析判断背景中的评标委员会组建人员是否正确，不正确的说明理由；还可从专家组成、成员人数、与招标人关系等方面去命题。

2. 评标标准与方法

评标方法包括经评审的最低投标价法、综合评估法或者法律、行政法规允许的其他评标方法。

（1）经评审的最低投标价法

经评审的最低投标价法，如图 1-4 所示。

经评审的最低投标价法
- 适用：具有通用技术、性能标准或者招标人对其技术、性能没有特殊要求的招标项目
- 中标候选人：能够满足招标文件的实质性要求，并且经评审的最低投标价的投标，应当推荐为中标候选人
- 价格调整：采用经评审的最低投标价法的，评标委员会应当根据招标文件中规定的评标价格调整方法，以所有投标人的投标报价以及投标文件的商务部分作必要的价格调整。采用经评审的最低投标价法的，中标人的投标应当符合招标文件规定的技术要求和标准，但评标委员会无需对投标文件的技术部分进行价格折算

图 1-4　经评审的最低投标价法

（2）综合评估法

综合评估法，见表1-12。

综合评估法　　　　　　　　　　　　　　　　　　　　表1-12

项目	内容
适用	不宜采用经评审的最低投标价法的招标项目
中标候选人的推荐	根据综合评估法，最大限度地满足招标文件中规定的各项综合评价标准的投标，应当推荐为中标候选人。衡量投标文件是否最大限度地满足招标文件中规定的各项评价标准，可以采取折算为货币的方法、打分的方法或者其他方法。需量化的因素及其权重应当在招标文件中明确规定
评审因素的量化	评标委员会对各个评审因素进行量化时，应当将量化指标建立在同一基础或者同一标准上，使各投标文件具有可比性。对技术部分和商务部分进行量化后，评标委员会应当对这两部分的量化结果进行加权，计算出每一投标的综合评估价或者综合评估分
初步评审和详细评审	初步评审：包括形式评审标准、资格评审标准、响应性评审标准。 （1）形式评审标准：①投标人名称与营业执照、资质证书、安全生产许可证一致（证照一致）；②投标文件的签字盖章；③格式；④联合体协议书；⑤只能有一个报价；⑥投标文件的正本、副本数量；⑦印刷与装订；⑧密封和标识等符合招标文件规定。 （2）资格评审标准：①具备有效的营业执照；②具备有效的安全生产许可证；③具备有效的资质证书且资质等级符合招标文件规定；④财务状况符合招标文件规定；⑤类似项目业绩符合招标文件规定；⑥信誉符合招标文件规定；⑦项目经理资格符合招标文件规定；⑧联合体投标人符合招标文件规定（如有）；⑨企业主要负责人具备有效的安全生产考核合格证书；⑩技术负责人资格符合招标文件规定；⑪委托代理人、安全管理人员（专职安全生产管理人员）、质量管理人员、财务负责人应是投标人本单位人员，其中安全管理人员（专职安全生产管理人员）具备有效的安全生产考核合格证书。 （3）响应性评审标准：①投标范围符合招标文件规定；②计划工期符合招标文件规定；③工程质量符合招标文件规定；④投标有效期符合招标文件规定；⑤投标保证金符合招标文件规定；⑥权利义务符合招标文件合同条款及格式规定的权利义务；⑦已标价工程量清单符合招标文件工程量清单的有关要求；⑧技术标准和要求符合招标文件技术标准和要求（合同技术条款）的规定 详细评审：该阶段需要评审的因素有施工组织设计、项目管理机构、投标报价和投标人综合实力。 投标报价评审：分为总价和分项报价合理性两个方面。 总价评审：根据投标人报价与评标基准价的偏差来计算。投标报价的偏差率按下式计算： $$偏差率 = \frac{投标人报价 - 评标基准价}{评标基准价} \times 100\%$$

【想对考生说】

该知识点中，考生重点掌握评标方法的内容，不同的项目适用不同的评标方法。该知识点在考查时，在背景中会告知采用何种方法评标，然后要求计算综合得分，并由此推荐出第一中标候选人。

该知识点还可能会结合投标人资格条件的内容进行考查，考生要注意掌握。

3. 评标涉及的相关内容

评标涉及的相关内容，见表1-13。

考试中会涉及的内容		表 1-13
《招标投标法实施条例》		

否决投标情形	第五十一条　有下列情形之一的，评标委员会应当否决其投标： （1）投标文件未经投标单位盖章和单位负责人签字； （2）投标联合体没有提交共同投标协议； （3）投标人不符合国家或者招标文件规定的资格条件； （4）同一投标人提交两个以上不同的投标文件或者投标报价，但招标文件要求提交备选投标的除外； （5）投标报价低于成本或者高于招标文件设定的最高投标限价； （6）投标文件没有对招标文件的实质性要求和条件作出响应； （7）投标人有串通投标、弄虚作假、行贿等违法行为 **【考生这样记】** 　　否决投标情形这样记：未盖章签字、没有提交协议、不符合规定条件、提交两个报价、未作出响应、违法行为。
视为投标人相互串通投标情形	第四十条　有下列情形之一的，视为投标人相互串通投标： （1）不同投标人的投标文件由同一单位或者个人编制； （2）不同投标人委托同一单位或者个人办理投标事宜； （3）不同投标人的投标文件载明的项目管理成员为同一人； （4）不同投标人的投标文件异常一致或者投标报价呈规律性差异； （5）不同投标人的投标文件相互混装； （6）不同投标人的投标保证金从同一单位或者个人的账户转出
属于招标人与投标人串通投标	第四十一条　禁止招标人与投标人串通投标。有下列情形之一的，属于招标人与投标人串通投标： （1）招标人在开标前开启投标文件并将有关信息泄露给其他投标人； （2）招标人直接或者间接向投标人泄露标底、评标委员会成员等信息； （3）招标人明示或者暗示投标人压低或者抬高投标报价； （4）招标人授意投标人撤换、修改投标文件； （5）招标人明示或者暗示投标人为特定投标人中标提供方便； （6）招标人与投标人为谋求特定投标人中标而采取的其他串通行为
弄虚作假的行为	第四十二条　投标人有下列情形之一的，属于《招标投标法》第三十三条规定的以其他方式弄虚作假的行为： （1）使用伪造、变造的许可证件； （2）提供虚假的财务状况或者业绩； （3）提供虚假的项目负责人或者主要技术人员简历、劳动关系证明； （4）提供虚假的信用状况； （5）其他弄虚作假的行为
《评标委员会和评标方法暂行规定》	
重大偏差	第二十五条　下列情况属于重大偏差： （1）没有按照招标文件要求提供投标担保或者所提供的投标担保有瑕疵； （2）投标文件没有投标人授权代表签字和加盖公章； （3）投标文件载明的招标项目完成期限超过招标文件规定的期限； （4）明显不符合技术规格、技术标准的要求； （5）投标文件载明的货物包装方式、检验标准和方法等不符合招标文件的要求； （6）投标文件附有招标人不能接受的条件； （7）不符合招标文件中规定的其他实质性要求。 投标文件有上述情形之一的，为未能对招标文件作出实质性响应，并按本规定第二十三条规定作否决投标处理。招标文件对重大偏差另有规定的，从其规定

续表

	《评标委员会和评标方法暂行规定》
细微偏差	第二十六条 细微偏差是指投标文件在实质上响应招标文件要求，但在个别地方存在漏项或者提供了不完整的技术信息和数据等情况，并且补正这些遗漏或者不完整不会对其他投标人造成不公平的结果。细微偏差不影响投标文件的有效性。 评标委员会应当书面要求存在细微偏差的投标人在评标结束前予以补正。拒不补正的，在详细评审时可以对细微偏差作不利于该投标人的量化，量化标准应当在招标文件中规定
	《工程建设项目施工招标投标办法》
投标文件的修正	第五十一条 评标委员会可以书面方式要求投标人对投标文件中含义不明确、对同类问题表述不一致或者有明显文字和计算错误的内容作必要的澄清、说明或补正。评标委员会不得向投标人提出带有暗示性或诱导性的问题，或向其明确投标文件中的遗漏和错误。 第五十二条 投标文件不响应招标文件的实质性要求和条件的，评标委员会不得允许投标人通过修正或撤销其不符合要求的差异或保留，使之成为具有响应性的投标。 第五十三条 评标委员会在对实质上响应招标文件要求的投标进行报价评估时，除招标文件另有约定外，应当按下述原则进行修正： （1）用数字表示的数额与用文字表示的数额不一致时，以文字数额为准； （2）单价与工程量的乘积与总价之间不一致时，以单价为准。若单价有明显的小数点错位，应以总价为准，并修改单价。 按前款规定调整后的报价经投标人确认后产生约束力。 投标文件中没有列入的价格和优惠条件在评标时不予考虑 【2020年案例二第4问】

【想对考生说】

否决投标情形、视为投标人相互串通投标情形、属于招标人与投标人串通投标、弄虚作假的行为、重大偏差为该部分知识点中的考核点，一般会以分析判断型的题目形式出现，考生要根据案例给定的事件对照相关的法律规定对所提问题逐一作答。答题不仅要有明确结论，而且要求说明理由的，一定要说明理由，没有要求说明理由的，就不用写。

【还会这样考】

某大型调水工程位于Q省X市，第5标段河道长10km。主要工程内容包括河道开挖、现浇混凝土护坡以及河道沿线生产桥。工程沿线涉及黄庄村等5个村庄。根据地质资料，沿线河道开挖深度范围内均有膨胀土分布，地面以下1～2m地下水丰富且土层透水性较强。本标段土方1100万m³，合同价约4亿元，计划工期2年，招标文件按照《水利水电工程标准施工招标文件（2009年版）》编制，评标办法采用综合评估法，招标文件中明确了最高投标限价。

建设管理过程中，评标办法中部分要求，见表1-14。

序号	评审因素	分值	评审标准
			评标办法（部分）　　　　　　　　　　　　　　　　　表 1–14
1	投标报价	30	评标基准价＝投标人有效投标报价去掉一个最高和一个最低后的算术平均值。 投标人有效投标报价等于评标基准价的得满分；在此基础上，偏差率每上升 1%（位于两者之间的线性插值，下同）扣 2 分，每下降 1% 扣 1 分，扣完为止，偏差率计算保留小数点后 2 位。 投标人有效报价要求： 1. 应当在最高投标限价 85% ~ 100% 之间，不在此区间的其投标视为无效标； 2. 无效标的投标报价不纳入评标基准价计算
2	投标人业绩	15	近 5 年每完成一个大型调水工程业绩得 3 分，最多得 15 分。业绩认定以施工合同为准
3	投标人实力	3	获得"鲁班奖"的得 3 分，获得"詹天佑奖"的得 2 分，获得 Q 省"青山杯"的得 1 分，同一获奖项目只能计算一次
4	对本标段施工的重点和难点认识	5	合理得 4 ~ 5 分，较合理得 2 ~ 3，一般得 1 ~ 2 分，不合理不得分

　　招标文件约定，评标委员会在对实质性响应招标文件要求的投标进行报价评估时，对投标报价中算术性错误按现行有关规定确定的原则进行修正。

【问题】

　　1. 对投标报价中算术性错误进行修正的原则是什么？

　　2. 指出表 1-14 中评审标准的不合理之处，并说明理由。

【参考答案】

　　1. 根据《工程建设项目施工招标投标办法》，对投标报价中算术性错误进行修正的原则是：

　　（1）用数字表示的数额与用文字表示的数额不一致的，以文字数额为准。

　　（2）单价与工程量的乘积与总价之间不一致的，以单价为准修正总价，但单价有明显的小数点错位的，以总价为准，并修改单价。

　　2. 表中评审标准的不合理之处及理由如下：

　　（1）不合理之处：投标人有效投标报价应当在最高投标限价的 85% ~ 100% 之间。

　　理由：根据《工程建设项目施工招标投标办法》规定，招标人不得规定最低投标限价。

　　（2）不合理之处：获得 Q 省"青山杯"的得 1 分。

　　理由：招标文件不得以本区域奖项作为加分项。

　　（3）不合理之处：投标人业绩以施工合同为准。

　　理由：投标人业绩除施工合同外，还包括中标通知书和合同工程完工验收证书（竣工验收证书或竣工验收鉴定书）。

【想对考生说】

1．本案例问题1主要考核对投标报价中算术性错误进行修正的原则。本题可根据《工程建设项目施工招标投标办法》第五十三条规定作答。

2．本案例问题2主要考核评标的相关规定。针对投标报价、投标人业绩、投标人实力、对本标段施工的重点和难点认识的评审标准均应进行判定，找出不合理之处，并说明理由。

第二章
水利工程监理实施

第一节　监理组织

一、工程建设监理的组织模式

【考生必掌握】

1. 建立工程项目监理机构组织的步骤

建立工程项目监理机构组织的步骤，如图 2-1 所示。

| ①确定项目监理机构目标 | ②确定监理工作内容 | ③设计项目监理机构组织结构 | ④制定工作流程和信息流程 |

图 2-1　建立工程项目监理机构组织的步骤

【考生这样记】

四定原则：定目标、定内容、定组织、定流程。

【想对考生说】

该知识点的命题形式小结：

（1）直接问答型题目：如建立工程项目监理机构组织的步骤包括哪些？

（2）补充型的题目：如除了背景中所述步骤，建立工程项目监理机构组织的步骤还包括哪些？

（3）判断改正型题目：如背景中告知建立工程项目监理机构组织步骤，要求考生判断其组织步骤是否正确，不正确的要写出正确的步骤。

2. 建设监理组织模式（重点内容）

常用的项目监理机构组织形式有直线制、职能制、直线职能制、矩阵制等。（这里

可以出简答型题目）

（1）直线制组织形式

直线制组织形式，见表 2-1。

直线制组织形式　　　　　　　　　　　　　　　　　　　　表 2-1

项目	内容
特点	任何一个下级只接受唯一上级的命令。总监理工程师负责整个工程的规划、组织和指导，并负责整个工程范围内各方面的指挥协调工作
适用	适用于能划分为若干个相对独立的子项目的大、中型建设工程
优点	组织机构简单，权力集中，命令统一，职责分明，决策迅速，隶属关系明确
缺点	实行没有职能部门的"个人管理"
要求	总监理工程师通晓各种业务和多种专业技能，成为"全能"式人物
按子项分解的直线制项目监理机构组织形式图例	

（2）职能制组织形式

职能制组织形式，见表 2-2。

职能制组织形式　　　　　　　　　　　　　　　　　　　　表 2-2

项目	内容
适用	大、中型建设工程
优点	加强了项目监理目标控制的职能化分工，可以发挥职能机构的专业管理作用，提高管理效率，减轻总监理工程师负担
缺点	人员受多头指挥，如果这些指令相互矛盾，会使下级在监理工作中无所适从

续表

项目	内容
职能制项目监理机构组织形式图例	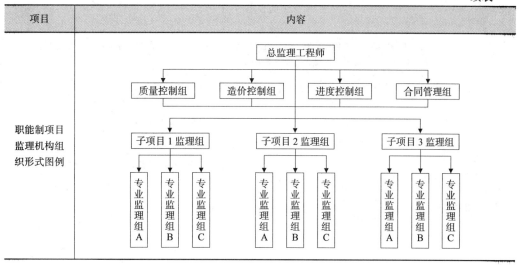

（3）直线职能制组织形式

直线职能制组织形式，见表2-3。

直线职能制组织形式　　　　　　　　　　　　　　　　　表2-3

项目	内容
优点	有直线制组织实行直线领导、统一指挥、职责分明的优点，也有职能制组织目标管理专业化的优点
缺点	职能部门与指挥部门易产生矛盾，信息传递路线长，不利于互通信息
直线职能制项目监理机构组织形式图例	（见下图）

（4）矩阵制组织形式

矩阵制组织形式是由纵、横两套管理系统（纵向职能系统、横向子项目系统）组成的矩阵组织结构，见表2-4。

	矩阵制组织形式 表 2-4
项目	内容
优点	加强了各职能部门的横向联系，具有机动性和适应性，将上下左右集权与分权实行最优结合，有利于解决复杂问题，有利于监理人员业务能力的培养
缺点	纵、横向协调工作量大，处理不当会造成扯皮现象，产生矛盾
矩阵制项目监理机构组织形式图例	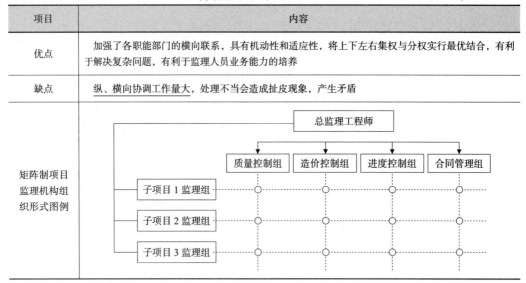

【想对考生说】

1. 直线制区别于其他组织形式的关键是直线制无职能部门，而职能部门是否对直线部门发布指令是区别职能制和直线职能制的关键。

2. 应特别注意职能制和直线制的组织机构图的区别。

3. 四种常用的项目监理机构组织形式中，考生要重视其特点、图例、优点、缺点等内容，这些内容均是出题点。

4. 该知识点可能这样考查：

（1）直接问答类型的题目：如常见的监理机构组织形式有哪几种？

（2）在背景资料中给出某种项目监理机构组织形式的图例及该项目的特点，要求考生根据图例判断属于哪种项目监理机构组织形式，有些还会要求简述判断出项目监理机构组织形式的优缺点或者特点。再复杂一点还会涉及调整后的项目监理机构组织形式的判断，并画出该监理机构组织的结构示意图，再说明其主要缺点。

（3）在背景资料中给出某种项目监理机构组织形式的优缺点或特点，要求考生判断应建立何种项目监理机构组织形式，并要求画出该种项目监理机构组织形式的图例。

【还会这样考】

某水利枢纽工程项目划分为三个相对独立的标段（合同段），业主组织了招标并分别和三家施工单位签订了施工承包合同，承包合同价分别为 3652 万元、3225 万元和 2733 万元人民币，合同工期分别为 30 个月、28 个月和 24 个月。根据第三标段施工合同约定，合同内的基础工程由施工单位分包给专业基础工程公司施工。工程项目施工前，业主委托了一家监理公司承担施工监理任务。

总监理工程师根据本项目合同结构特点组建了监理组织机构，绘制了业主、监理、被监理单位三方关系示意图，如图2-2所示。

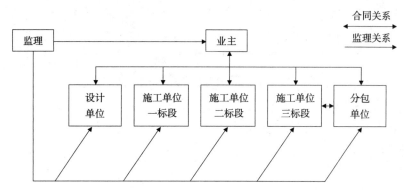

图2-2 业主、监理、被监理单位三方关系示意图

【问题】

1. 如果要求每个监理工程师的工作职责范围只能分别限定在某一个合同标段范围内，则总监理工程师应建立怎样的监理机构组织形式？并请绘出机构组织示意图。

2. 图2-2表达的业主、监理和被监理单位三方关系是否正确？为什么？请用文字加以说明。

【参考答案】

1. 总监理工程师应建立直线制监理机构组织形式，如图2-3所示。

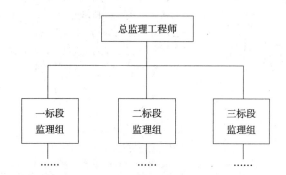

图2-3 直线制监理机构组织形式示意图

2. 图2-2表达的三方关系不正确，因为：

（1）业主与分包单位之间不是合同关系；

（2）因是施工阶段监理，故监理单位与设计单位之间无监理与被监理关系；

（3）因业主与分包单位之间无直接合同关系，故监理单位与分包单位之间不是直接的监理与被监理关系。

【想对考生说】

1．本案例问题1考核监理机构组织形式及其适用情形。依题意，该工程项目划分为三个相对独立的标段（合同段），而直线制监理机构组织形式适合于能划分为若干相对独立的大项目的大、中型建设工程。图2-3第一层应为总监理工程师，并可有平行的"总监办公室"；第二层应按合同标段设立三个监理分支部分。

2．本案例问题2考核主要合同关系。建设单位委托监理时，需要与工程监理单位建立合同关系，明确双方的义务和责任。项目监理机构虽然不直接与分包合同发生关系，但可对分包合同中的工程质量、进度进行直接跟踪监控，然后通过总承包单位进行调控、纠偏。

二、监理单位、现场监理人员配备及其职责

【考生必掌握】

1．监理单位的规定

监理单位的规定，如图2-4所示。

图2-4　监理单位的规定

【想对考生说】

上述规定可能会考查分析判断类型的题目，先要求考生判断背景中描述的事件是否妥当，不妥当的要求写出理由。因此，考生要将《水利工程施工监理规范》SL 288—2014、《水利工程建设监理规定（2017年修正）》的内容牢记。

2. 监理机构的规定

根据《水利工程施工监理规范》SL 288—2014第5.2.4条规定，监理机构核查并签发施工图纸，监理单位不得修改工程设计文件。

根据《水利工程施工监理规范》SL 288—2014第6.3.5条规定，监理机构在签发暂停施工指示时，应遵守下列规定：

（1）在发生下列情况之一时，监理机构应提出暂停施工的建议，报发包人同意后签发暂停施工指示：①工程继续施工将会对第三者或社会公共利益造成损害。②为了保证工程质量、安全所必要。③承包人发生合同约定的违约行为，且在合同约定时间内未按监理机构指示纠正其违约行为，或拒不执行监理机构的指示，从而将对工程质量、安全、进度和资金控制产生严重影响，需要停工整改。

（2）监理机构认为发生了应暂停施工的紧急事件时，应立即签发暂停施工指示，并及时向发包人报告。

（3）在发生下列情况之一时，监理机构可签发暂停施工指示，并抄送发包人：①发包人要求暂停施工。②承包人未经许可即进行主体工程施工时，改正这一行为所需要的局部停工。③承包人未按照批准的施工图纸进行施工时，改正这一行为所需要的局部停工。④承包人拒绝执行监理机构的指示，可能出现工程质量问题或造成安全事故隐患，改正这一行为所需要的局部停工。⑤承包人未按照批准的施工组织设计或施工措施计划施工，或承包人的人员不能胜任作业要求，可能会出现工程质量问题或存在安全事故隐患，改正这些行为所需要的局部停工。

（4）监理机构应分析停工后可能产生影响的范围和程度，确定暂停施工的范围。

【想对考生说】

1. 上述规定可能会考查分析判断类型的题目，先要求考生对背景中现场监理工程师发出暂停施工指示的事件进行分析判断，要求考生指出不妥之处，并说明理由。

2. 也有可能考查直接问答类型的题目：

（1）在发生哪些情况时，监理机构应提出暂停施工的建议，报发包人同意后签发暂停施工指示？

（2）在发生哪些情况时，监理机构可签发暂停施工指示，并抄送发包人？

3. 也有可能考查补充类型的题目，考生要注意掌握上述规定。

3．监理人员配备

根据《水利工程建设监理人员资格管理办法》第四条规定，从事水利工程建设监理活动的人员，应当按照本办法规定，取得相应的资格（岗位）证书。监理人员分为总监理工程师、监理工程师、监理员。总监理工程师实行岗位资格管理制度，监理工程师实行执业资格管理制度，监理员实行从业资格管理制度。

水利工程建设监理实行总监理工程师负责制。项目总监理工程师是项目监理组织履行监理合同的总负责人，由监理单位法定代表人任命，并书面授权，行使合同赋予监理单位的全部职责，全面负责项目监理工作。

总监理工程师代表或副总监理工程师由总监理工程师任命和授权，行使总监理工程师授予的权力，从事总监理工程师委派的工作，并对总监理工程师负责。

现场监理人员数量和专业应根据监理的任务范围、内容、工作时间以及工程的类别、规模、技术复杂程度、工程环境等因素综合考虑。

（1）专业结构：应满足工程建设内容专业要求。水利工程施工监理，应配备水工建筑、测量、地质、金属结构等专业人员。

（2）职称结构配备：工程勘察设计阶段的服务，对人员职称要求更高些，具有高级职称及中级职称的人员在整个监理人员构成中应占绝大多数。施工阶段监理，可由较多的初级职称人员从事实际操作工作，如旁站、见证取样、检查工序施工结果、复核工程计量有关数据等。

（3）人员数量：影响人员数量的因素主要包括工程建设强度（工程建设强度＝投资／工期）、建设工程复杂程度、工程监理单位的业务水平、项目监理机构的组织机构和任务职能分工。【考简答类型的问题：如影响人员数量的因素主要包括哪些？】

【想对考生说】

对于现场监理人员配备的考查，可以针对某具体事件，从专业结构、职称结构配备、人员数量等角度考查，考生要将上述内容牢记。

4．监理人员职责

监理人员职责，见表2-5。

监理人员职责   表2-5

项目	内容
总监理工程师职责（包括20项）【2020年案例三第1问进行了考查】	根据《水利工程施工监理规范》SL 288—2014中第3.3.3条规定，水利工程施工监理实行总监理工程师负责制。总监理工程师应负责全面履行监理合同约定的监理单位的义务，主要职责应包括下列各项：（1）主持编制监理规划，制定监理机构工作制度，审批监理实施细则。（2）确定监理机构部门职责及监理人员职责权限；协调监理机构内部工作；负责监理机构中监理人员的工作考核，调换不称职的监理人员；根据工程建设进展情况，调整监理人员。（3）签发或授权签发监理机构的文件。（4）主持审查承包人提出的分包项目和分包人，报发包人批准。（5）审批承包人提交的合同工程开工申请、施工组织设计、施工进度计划、资金流计划。（6）审批承包人按有关安全规定和合同要求提交的专项施工方案、度汛方案和灾害应急预案。

续表

项目	内容
总监理工程师职责（包括20项）【2020年案例三第1问进行了考查】	（7）审核承包人提交的文明施工组织机构和措施。（8）主持或授权监理工程师主持设计交底；组织核查并签发施工图纸。（9）主持第一次监理工地会议，主持或授权监理工程师主持监理例会和监理专题会议。（10）签发合同工程开工通知、暂停施工指示和复工通知等重要监理文件。（11）组织审核已完成工程量和付款申请，签发各类付款证书。（12）主持处理变更、索赔和违约等事宜，签发有关文件。（13）主持施工合同实施中的协调工作，调解合同争议。（14）要求承包人撤换不称职或不宜在本工程工作的现场施工人员或技术、管理人员。（15）组织审核承包人提交的质量保证体系文件、安全生产管理机构和安全措施文件并监督其实施，发现安全隐患并及时要求承包人整改或暂停施工。（16）审批承包人施工质量缺陷处理措施计划，组织施工质量缺陷处理情况的检查和施工质量缺陷备案表的填写；按相关规定参与工程质量及安全事故的调查和处理。（17）复核分部工程和单位工程的施工质量等级，代表监理机构检验和验收工程项目施工质量。（18）参加或受发包人委托主持分部工程验收，参加单位工程验收、合同工程完工验收、阶段验收和竣工验收。（19）组织编写并签发监理月报、监理专题报告和监理工作报告；组织整理监理档案资料。（20）组织审核承包人提交的工程档案资料，并提交审核专题报告
总监理工程师不可授权副总监理工程师或监理工程师的职责（包括12项）	根据《水利工程施工监理规范》SL 288—2014中第3.3.4条规定，总监理工程师可书面授权副总监理工程师或监理工程师履行其部分职责，但下列工作除外：（1）主持编制监理规划，审批监理实施细则。（2）主持审查承包人提出的分包项目和分包人。（3）审批承包人提交的合同工程开工申请、施工组织设计、施工总进度计划、年施工进度计划、专项施工进度计划、资金流计划。（4）审批承包人按有关安全规定和合同要求提交的专项施工方案、度汛方案和灾害应急预案。（5）签发施工图纸。（6）主持第一次监理工地会议，签发合同工程开工通知、暂停施工指示和复工通知。（7）签发各类付款证书。（8）签发变更、索赔和违约有关文件。（9）签署工程项目施工质量等级检验和验收意见。（10）要求承包人撤换不称职或不宜在本工程工作的现场施工人员或技术、管理人员。（11）签发监理月报、监理专题报告和监理工作报告。（12）参加合同工程完工验收、阶段验收和竣工验收
监理工程师职责（包括19项）	根据《水利工程施工监理规范》SL 288—2014中第3.3.5、3.3.6条规定，监理工程师应按照职责权限开展监理工作，是所实施监理工作的直接责任人，并对总监理工程师负责。其主要职责应包括下列各项：（1）参与编制监理规划，编制监理实施细则。（2）预审承包人提出的分包项目和分包人。（3）预审承包人提交的合同工程开工申请、施工组织设计、施工总进度计划、年施工进度计划、专项施工进度计划、资金流计划。（4）预审承包人按有关安全规定和合同要求提交的专项施工方案、度汛方案和灾害应急预案。（5）根据总监理工程师的安排核查施工图纸。（6）审批分部工程或分部工程部分工作的开工申请报告、施工措施计划、施工质量缺陷处理措施计划。（7）审批承包人编制的施工控制网和原始地形的施测方案；复核承包人的施工放样成果；审批承包人提交的施工工艺试验方案、专项检测试验方案，并确认试验成果。（8）协助总监理工程师协调参建各方之间的工作关系；按照职责权限处理施工现场发生的有关问题，签发一般监理指示和通知。（9）核查承包人报验的进场原材料、中间产品的质量证明文件；核验原材料和中间产品的质量；复核工程施工质量；参与或组织工程设备的交货验收。（10）检查、监督工程现场的施工安全和文明施工措施的落实情况，指示承包人纠正违规行为；情节严重时，向总监理工程师报告。（11）复核已完成工程量报表。（12）核查付款申请报表。（13）提出变更、索赔及质量和安全事故处理等方面的初步意见。（14）按照职责权限参与工程的质量评定工作和验收工作。（15）收集、汇总、整理监理档案资料，参与编写监理月报，核签或填写监理日志。（16）施工中发生重大问题或遇到紧急情况时，及时向总监理工程师报告、请示。（17）指导、检查监理员的工作，必要时可向总监理工程师建议调换监理员。（18）完成总监理工程师授权的其他工作。（19）机电设备安装、金属结构设备安装、地质勘查和工程测量等专业监理工程师应根据监理工作内容和时间安排完成相应的监理工作
监理员职责（包括11项）	根据《水利工程施工监理规范》SL 288—2014中第3.3.7条规定，监理员应按照职责权限开展监理工作，其主要职责应包括下列各项：（1）核实进场原材料和中间产品报验单并进行外观检查，核实施工测量成果报告。（2）检查承包人用于工程建设的原材料、中间产品和工程设备等的使用情况，并填写现场记录。（3）检查、确认承包人单元工程（工序）施工准备情况。（4）检查并记录现场施工程序、施工工艺等实施过程情况，发现施工不规范行为和质量隐患，及时指示承包人改正，并向监理工程师或总监理工程师报告。（5）对所监理的施工现场进行定期或不定期的巡视检查，依据监理实施细则实施旁站监理和跟踪检测。

续表

项目	内容
监理员职责（包括11项）	（6）协助监理工程师预审分部工程或分部工程部分工作的开工申请报告、施工措施计划、施工质量**缺陷**处理措施计划。（7）核实工程计量结果，检查和统计日工情况。（8）检查、监督工程现场的施工安全和文明施工措施的落实情况，发现异常情况及时指示承包人纠正违规行为，并向监理工程师或总监理工程师报告。（9）检查承包人的施工日志和现场实验室记录。（10）核实承包人质量评定的相关原始记录。（11）填写监理日记，依据总监理工程师或监理工程师授权填写监理日志

注：当监理人员数量较少时，<u>总监理工程师可同时承担监理工程师的职责</u>，<u>监理工程师可同时承担监理员的职责</u>。

【补充型知识要点——审批施工组织设计等技术方案、施工组织设计审查重点】

（1）审批施工组织设计等技术方案：根据《水利工程施工监理规范》条文说明，总监理工程师应在约定时间内，组织监理工程师审查，提出审查意见后，由总监理工程师审定批准。需要承包人修改时，由总监理工程师签发书面意见，退回承包人修改后再报审，总监理工程师应组织重新审定，审批意见由总监理工程师（施工措施计划可授权副总监理工程师或监理工程师）签发。必要时与发包人协商，组织有关专家会审。

（2）施工组织设计审查重点：①<u>商务性审查</u>，审查与投标文件中施工组织设计的一致性。②<u>技术性审查</u>，主要审查施工设备、施工方法、计量方法、质量控制点设置、安全保证措施等内容。③除商务性审查和技术性审查外，施工组织设计中的安全技术措施、施工现场临时用电方案，以及灾害应急预案、危险性较大的分部工程或单元工程专项施工方案是否符合《工程建设标准强制性条文（水利工程部分）》《建设工程安全生产管理条例》《水利工程建设安全生产管理规定》等相关规定的要求。

【想对考生说】

1. 监理人员职责在2020年、2023年水利工程监理案例分析考试中进行了考查，考生要将上述规定牢记。

2. 项目监理机构各类人员基本职责考核形式：

（1）背景资料中给出各监理人员的主要责任，要求考生判断背景资料中各监理人员的主要职责划分，不正确的还要求作出调整。

（2）背景资料中给出某一监理人员的主要责任，要求考生判断背景资料列举的监理人员的主要责任是否正确，不正确的写出属于哪个监理人员的职责及理由。

【历年这样考】

【2023年真题】

某调水工程，原建设内容包括河道土方开挖、边坡防护、新建节制闸及管护道路等，某监理单位承担了该标段监理工作，并在现场组建了监理机构，工程施工过程中发生如下事件：

事件2：节制闸坑开挖深度为4m，承包人认为该基坑开挖为常规施工方法，故未编制专项施工方案，即开始基坑开挖施工，专业监理工程师发现后立即签发了暂停施工指示，并抄送发包人。

【问题】

分别指出事件2中承包人和监理机构做法的不妥之处，并说明理由。

【参考答案】

承包人不妥之处：未编制专项施工方案，即开始基坑开挖施工。

理由：基坑开挖深度超过3m，需要编制基坑开挖专项施工方案。

监理机构不妥之处：专业监理工程师发现后立即签发了暂停施工指示。

理由：签发暂停令是总监理工程师的岗位职责。专业监理工程师应汇报总监理工程师，由总监理工程师签发暂停施工指示。

> 【想对考生说】
>
> 各类监理人员的职责是必考的知识点，一定要掌握。

【2023 年真题】

某调水工程，原建设内容包括河道土方开挖、边坡防护、新建节制闸及管护道路等，某监理单位承担了该标段监理工作，并在现场组建了监理机构，工程施工过程中发生如下事件：

事件4：承包人的河道施工劳务作业分包合同明确了计取劳务作业费用和大型机械设备费用，监理机构要求承包人将劳务作业分包合同报项目法人书面认可。

【问题】

指出事件4中劳务作业分包合同和监理机构要求的不妥之处，并说明理由。

【参考答案】

劳务作业分包合同的不妥之处：计取劳务作业费用和大型机械设备费用。

理由：劳务作业分包单位不得计取大型机械设备费用，否则为违法分包。

监理机构要求的不妥之处：监理机构要求承包人将劳务作业分包合同报项目法人书面认可。

理由：监理机构应审核分包合同及分包人的资格能力、资质证书、营业执照、人员和设备等内容，审核合格后再报项目法人。

> 【想对考生说】
>
> 本题考核的是施工准备阶段的监理工作。

【还会这样考】

某水利工程项目在设计文件完成后，业主委托了一家监理单位协助业主进行施工招标和实施施工阶段监理。工程实施过程中发生下列事件：

事件1：监理合同签订后，总监理工程师分析了水利工程项目规模和特点，拟按照组织结构设计确定管理层次，确定监理工作内容，确定监理目标和制定监理工作流程等步骤，来建立本项目的监理组织机构。

事件2：为了使监理工作规范化进行，总监理工程师拟以监理单位自身条件、工程监理合同、承包合同、监理大纲、施工组织设计和监理实施细则为依据，编制施工阶段监理规划。

事件3：监理规划中规定各监理人员的主要职责如下：

（1）总监理工程师职责：

①主持审查承包人提出的分包项目和分包人，报发包人批准。

②审核承包人提交的文明施工组织机构和措施。

③核实工程计量结果，检查和统计计日工情况。

④复核已完成工程量报表。

⑤主持编制监理规划。

（2）监理工程师职责：

①审批监理实施细则。

②预审承包人提出的分包项目和分包人。

③检查、确认承包人单元工程（工序）施工准备情况。

④签发合同工程开工通知。

⑤核实施工测量成果报告。

（3）监理员职责：

①核实进场原材料和中间产品报验单并进行外观检查。

②检查承包人用于工程建设的原材料、中间产品和工程设备等的使用情况，并填写现场记录。

③填写监理日志。

【问题】

1. 针对事件1，监理组织机构设置步骤有何不妥？应如何改正？

2. 针对事件1，常见的监理组织结构形式有哪几种？若想建立具有机构简单、权力集中、命令统一、职责分明、隶属关系明确的监理组织机构，应选择哪一种组织结构形式？

3. 事件2中，监理规划编制依据有何不恰当？为什么？

4. 事件3中，以上各监理人员的主要职责划分有哪几条不妥？如何调整？

【参考答案】

1. 设置步骤中不应包含"确定管理层次"，其他步骤顺序不对。

正确的步骤应是：确定监理目标、确定监理工作内容、组织结构设计和确定监理工作流程。

2．常见组织结构形式有直线制、职能制、直线职能制和矩阵制四种。若想建立具有机构简单、权力集中、命令统一、职责分明、隶属关系明确的监理组织机构，应选择直线制组织形式。

3．不恰当之处：编制依据中不应包括施工组织设计和监理实施细则。

理由：施工组织设计是由施工单位（或承包单位）编制指导施工的文件。监理实施细则是由专业监理工程师根据监理规划编制的文件。

4．职责划分：

总监理工程师职责中的③、④条不妥。

③条应是监理员职责。

④条应是监理工程师职责。

监理工程师职责中的①、③、④、⑤条不妥。

③、⑤条应是监理员的职责。

①、④条应是总监理工程师的职责。

【想对考生说】

1．本案例问题1考核监理组织机构设置步骤的判断。记忆类型知识点，考查较为简单，只要记住就能做出本题。

2．本案例问题2考核常见的监理组织结构形式。常见的监理组织结构形式考试时可根据其优点、缺点去记忆、做题。

3．本案例问题3考核监理规划编制依据。监理规划编制的依据：（1）国家有关工程建设法律、行政法规、部门规章。①中央、地方和相关部门的政策、法律、法规，包括工程建设程序、招标投标和建设监理制度、工程造价管理制度等。②工程建设的技术标准。（2）设计图纸和施工说明书。（3）工程监理合同，承包合同。（4）监理大纲。（5）监理单位自身条件。分析判断类型的题目，要求判断背景中监理规划编制依据有何不恰当，并说明理由。

4．本案例问题4考核监理人员职责，要求考生判断各监理人员的主要职责划分有哪几条不妥，并做调整。解题依据是《水利工程施工监理规范》SL 288—2014 中第 3.3.3、3.3.4、3.3.5、3.3.6、3.3.7 条规定。

第二节 监理规划

【考生必掌握】

1. 监理规划的概念

在监理单位与发包人签订监理合同之后，由总监理工程师主持编制，并经监理单位技术负责人批准的，用以指导监理机构全面开展施工监理工作的指导性文件。

2. 监理规划编制的依据

（1）国家有关工程建设法律、行政法规、部门规章。

①中央、地方和相关部门的政策、法律、法规，包括工程建设程序、招标投标和建设监理制度、工程造价管理制度等。

②工程建设的技术标准。

（2）设计图纸和施工说明书。

（3）工程监理合同，承包合同。

（4）监理大纲。

（5）监理单位自身条件。

【考生这样记】

法律法规加标准，图纸说明二合同，大纲加单位条件。

3. 监理规划编制的要求

（1）编写监理规划的内容应具有针对性、指导性。

（2）由项目总监理工程师主持工程建设监理规划的编制。

（3）建设监理规划的编写要遵循科学性和实事求是的原则。

（4）建设监理规划内容的书面表达方式：表格、图示及简单文字说明是经常采用的基本方法。

4. 监理规划编制的要点（重点内容）

根据《水利工程施工监理规范》SL 288—2014 附录 A：

（1）监理规划的具体内容应根据不同工程项目的性质、规模、工作内容等情况编制，格式和条目可有所不同。

（2）监理规划的基本作用是指导监理机构全面开展监理工作。监理规划应对项目监理的计划、组织、程序、方法等作出表述。

（3）总监理工程师应主持监理规划的编制工作，所有监理人员应熟悉监理规划的内容。

（4）监理规划应在监理大纲的基础上，结合承包人报批的施工组织设计、施工总进度计划编制，并报监理单位技术负责人批准后实施。

（5）监理规划应根据其实施情况、工程建设的重大调整或合同重大变更等对监理工作要求的改变进行修订。

5. 监理规划主要内容

（1）总则：工程基本概况、工程项目主要目标、工程项目组织、监理工程范围和内容、监理主要依据、监理组织、监理工作基本程序、监理工作主要制度、监理人员守则和奖惩制度；（2）工程质量控制；（3）工程进度控制；（4）工程资金控制；（5）施工安全及文明施工监理；（6）合同管理的其他工作；（7）协调；（8）工程质量评定与验收监理工作；（9）缺陷责任期监理工作；（10）信息管理；（11）监理设施；（12）监理实施细则编制计划；（13）其他。

【想对考生说】

该部分知识点中，监理规划编写的依据、监理规划编写的要点为重点内容，均可能考查分析判断型、补充型、直接问答型的题目。

【还会这样考】

某水利枢纽工程项目，建设单位委托某监理公司负责施工阶段的监理工作。该公司副经理出任项目总监理工程师。

总监理工程师责成公司技术负责人组织经营、技术部门人员编制该项目监理规划。参编人员根据本公司已有的监理规划标准范本，将投标时的监理大纲做适当改动后编成该项目监理规划，该监理规划经公司的经理审核签字后，报送给建设单位。

该监理规划包括以下 8 项内容：（1）总则；（2）工程质量控制；（3）工程进度控制；（4）施工安全及文明施工监理；（5）合同管理的其他工作；（6）工程质量评定与验收监理工作；（7）缺陷责任期监理工作；（8）监理设施。

【问题】

1. 请指出该监理公司编制"监理规划"的做法不妥之处，并写出正确的做法。

2. 请指出该"监理规划"内容的缺项名称。

【参考答案】

1.（1）监理规划由公司技术负责人组织经营、技术部门人员编制不妥；应由总监理工程师主持，专业监理工程师参加编制。

（2）公司经理审核不妥；应由公司技术负责人审核。

（3）根据范本（监理大纲）修改不妥；应具有针对性（根据工程特点、规模、合同等编制）。

2. 缺项名称：工程资金控制、协调、信息管理、监理实施细则编制计划、其他。

【想对考生说】

本案例考核了监理规划编写的要点，解题依据是根据《水利工程施工监理规范》SL 288—2014 附录 A 的内容。

第三节　监理实施细则

【考生必掌握】

1．监理实施细则的概念和作用

监理实施细则是指在监理规划指导下，在落实了各专业监理责任后，由专业监理工程师针对项目的具体情况制定的更具实施性和可操作性的业务文件。它起着**具体指导监理实施工作的作用。**【2020年、2023年案例】

2．监理实施细则的编制要点

根据《水利工程施工监理规范》SL 288—2014 附录 B：

（1）在施工措施计划批准后、专业工程（或作业交叉特别复杂的专项工程）施工前或专业工作开始前，负责相应工作的监理工程师应组织相关专业监理人员编制监理实施细则，并报**总监理工程师批准。**

（2）监理实施细则应**符合监理规划的基本要求**，充分体现工程特点和监理合同约定的要求，结合工程项目的施工方法和专业特点，明确具体的控制措施、方法和要求，具有针对性、可行性和可操作性。

（3）监理实施细则应针对不同情况制订相应的对策和措施，突出监理工作的**事前审批、事中监督和事后检验。**

（4）监理实施细则可根据实际情况按进度、分阶段编制，但应注意前后的连续性、一致性。

（5）**总监理工程师**在审核监理实施细则时，应注意各专业监理实施细则间的衔接与配套，以组成系统、完整的监理实施细则体系。

（6）在监理实施细则条文中，应具体写明引用的规程、规范、标准及设计文件的名称、文号；文中涉及采用的报告、报表时，应写明**报告、报表所采用的格式。**

（7）在**监理工作实施过程中，**监理实施细则应根据实际情况进行补充、修改和完善。

3．监理实施细则的主要内容

监理实施细则的主要内容，见表2-6。

监理实施细则的主要内容　　　　　　　　　　　　　　　　表2-6

《水利工程施工监理规范》SL 288—2014 附录 B	
专业工程监理实施细则的内容（8项）	专业工程主要指施工导（截）流工程、土石方明挖、地下洞室开挖、支护工程、钻孔和灌浆工程、地基及基础处理工程、土石方填筑工程、混凝土工程、砌体工程、疏浚及吹填工程、屋面和地面建筑工程、压力钢管制造和安装、钢结构的制作和安装、钢闸门及启闭机安装、预埋件埋设、机电设备安装、工程安全监测等，专业工程监理实施细则的编制应包括下列内容：（1）适用范围。（2）编制依据。（3）专业工程特点。（4）专业工程开工条件检查。（5）现场监理工作内容、程序和控制要点。（6）检查和检验项目、标准和工作要求。一般应包括：巡视检查要点；旁站监理的范围（包括部位和工序）、内容、控制要点和记录；检测项目、标准和检测要求，跟踪检测和平行检测的数量和要求。（7）资料和质量评定工作要求。（8）采用的表式清单

续表

	《水利工程施工监理规范》SL 288—2014 附录 B
专业工作监理实施细则	专业工作主要指测量、地质、试验、检测（跟踪检测和平行检测）、施工图纸核查与签发、工程验收、计量支付、信息管理等工作，可根据专业工作特点单独编制。 根据监理工作需要，也可增加有关专业工作的监理实施细则，如进度控制、变更、索赔等。 专业工作监理实施细则的编制应包括下列内容：适用范围；编制依据；专业工作特点和控制要点；监理工作内容、技术要求和程序；采用的表式清单
安全监理实施细则	施工现场临时用电和达到一定规模的基坑支护与降水工程、土方和石方开挖工程、模板工程、起重吊装工程、脚手架工程、爆破工程、围堰工程和其他危险性较大的工程应编制安全监理实施细则，安全监理实施细则应包括下列内容：适用范围；编制依据；施工安全特点；安全监理工作内容和控制要点；安全监理的方法和措施；安全检查记录和报表格式
原材料、中间产品和工程设备进场核验和验收监理的实施细则	原材料、中间产品和工程设备进场核验和验收监理的实施细则，可根据各类原材料、中间产品和工程设备的各自特点单独编制，应包括下列内容：适用范围；编制依据；检查、检测、验收的特点；进场报验程序；原材料、中间产品检验的内容、技术指标、检验方法与要求（包括原材料、中间产品的进场检验内容和要求，检测项目、标准和检测要求，跟踪检测和平行检测的数量和要求）；工程设备交货验收的内容和要求；检验资料和报告；采用的表式清单

【想对考生说】

1. 监理实施细则的概念和作用在 2020 年、2023 年水利工程监理案例分析中考查了一个分析判断的小问题，考试难度较为简单，属于记忆类型知识点，考生要牢记。

2. 上述知识点均可以出判断型、补充型、直接问答型的案例分析问题，在解答这类问题时最好是带着问题去分析背景资料中的每一句话，然后根据问题要求进行解答。

【历年这样考】

【2023 年真题】

某调水工程，原建设内容包括河道土方开挖、边坡防护，新建节制闸及管护道路等，某监理单位承担了该标段监理工作，并在现场组建了监理机构，工程施工过程中发生如下事件：

事件 1：监理机构将本单位通用的土方开挖监理实施细则作为本工程的土方开挖专业监理实施细则，并按此实施监理工作。

【问题】

事件 1 中，监理机构的做法是否妥当？说明理由。

【参考答案】

不妥当。理由：监理实施细则是在监理规划的基础上，由专业监理工程师针对工程具体情况制定出更具实施性和操作性的业务文件，作用是具体指导监理业务的实施。应针对本工程具体情况编制实施细则，不得使用监理单位通用的监理实施细则。

【想对考生说】

专业工程监理实施细则中的专业工程主要指施工导（截）流工程、土石方明挖、地下洞室开挖、支护工程、钻孔和灌浆工程、地基及基础处理工程、土石方填筑工程、混凝土工程、砌体工程、疏浚及吹填工程、屋面和地面建筑工程、压力钢管制造和安装、钢结构的制作和安装、钢闸门及启闭机安装、预埋件埋设、机电设备安装、工程安全监测等。

【还会这样考】

某水电站厂房工程开工前，建设单位和施工单位分别提供了必要的施工条件，准备工作完成后，施工单位向项目监理机构申请开工。工程实施过程中发生如下事件：

事件1：监理工程师在土石方明挖工程施工开始前编制了监理实施细则，报总监理工程师审批后实施。土石方明挖工程监理实施细则的主要内容有：①适用范围；②编制依据；③专业工程特点；④监理工作主要制度；⑤工程质量控制；⑥工程资金控制；⑦工程进度控制；⑧检查和检验项目、标准和工作要求；⑨资料和质量评定工作要求；⑩采用的表式清单。

事件2：为进一步加强施工过程质量控制，副总监理工程师指派监理工程师对原监理实施细则中的部分内容进行修改，修改后的监理实施细则经副总监理工程师审查批准后实施。

事件3：施工单位开工前向项目监理机构提交了施工组织设计，该施工组织设计经总监理工程师批准后开始实施。在检查过程中，项目监理机构发现施工单位并没有按已经批准的施工组织设计进行施工，导致局部工程存在质量、安全事故隐患。

【问题】

1. 开工前建设单位应提供哪些施工条件？

2. 指出事件1中的不妥之处。

3. 事件2中，副总监理工程师的做法是否正确？说明理由。

4. 事件3中，项目监理机构对出现的问题应如何处理？

【参考答案】

1. 开工前建设单位应提供的施工条件包括：

（1）首批开工项目施工图纸。

（2）测量基准点。

（3）施工用地。

（4）施工合同约定应由建设单位负责的道路、供电、供水、通信及其他条件和资源。

2. 事件1中的不妥之处如下：

（1）不妥之处：④⑤⑥⑦均属于监理规划的内容。

（2）不妥之处：土石方明挖工程监理实施细则的内容还缺少：专业工程开工条件检

查，现场监理工作内容、程序和控制要点。

3．副总监理工程师的做法是否正确的判断及理由如下：

（1）指派副总监理工程师修改监理实施细则的做法正确。

理由：副总监理工程师可以行使总监理工程师的这一职责。

（2）审批修改后的监理实施细则的做法不正确。

理由：修改后的监理实施细则应由总监理工程师审批，副总监理工程师不能代替总监理工程师行使这一职责。

4．对于此种情况，项目监理机构应签发暂停施工指示，并抄送建设单位。下达暂停施工指示后，监理机构应指示施工单位妥善照管工程，记录停工期间的相关事宜，督促有关方及时采取有效措施，排除影响因素，为尽早复工创造条件。

> **【想对考生说】**
>
> 1．本案例问题1考核了发包人开工条件的检查。解题依据是根据《水利工程施工监理规范》SL 288—2014中第5.2.1条规定，检查开工前发包人应提供的施工条件是否满足开工要求，应包括下列内容：（1）首批开工项目施工图纸的提供。（2）测量基准点的移交。（3）施工用地的提供。（4）施工合同约定应由发包人负责的道路、供电、供水、通信及其他条件和资源的提供情况。
>
> 2．本案例问题2考核了监理实施细则的内容。土石方明挖工程属于专业工程，因此需要编制专业工程监理实施细则。本题要求判断事件1中的不妥之处，根据《水利工程施工监理规范》SL 288—2014中第B.2.1条规定进行分析判断，写出不妥之处即可，没有要求说明理由就不要写了，考生一定要审题清晰之后再答题，千万不要多答、少答、漏答。可以明显看出④⑤⑥⑦均属于监理规划的内容，土石方明挖工程监理实施细则的内容不全，缺少：专业工程开工条件检查，现场监理工作内容、程序和控制要点。
>
> 3．本案例问题3考核了总监理工程师可书面授权副总监理工程师或监理工程师履行其部分职责、总监理工程师的职责。解题依据是根据《水利工程施工监理规范》SL 288—2014中第3.3.3、3.3.4条规定。
>
> 4．本案例问题4考核了暂停施工。根据《水利工程施工监理规范》SL 288—2014中第6.3.5条，在发生承包人未按照批准的施工组织设计施工的情况时，可能会出现工程质量问题或存在安全事故隐患，改正这些行为所需要的局部停工，监理机构可签发暂停施工指示，并抄送发包人。第6.3.9条，下达暂停施工指示后，监理机构应开展以下后续工作，以最大程度减小停工的影响：（1）指示承包人妥善照管工程，记录停工期间的相关事宜。（2）督促有关方及时采取有效措施，排除影响因素，为尽早复工创造条件。（3）具备复工条件后，若属于6.3.5条1款、2款和3款1）项暂停施工情形，监理机构应明确复工范围，报发包人批准后，及时签发复工通知，指示承包人执行；若属于6.3.5条3款2）~6）项暂停施工情形，监理机构应明确复工范围，及时签发复工通知，指示承包人执行。

第三章

水利工程合同管理

第一节 变更管理

【考生必掌握】

1. 变更的范围和内容

《水利水电工程标准施工招标文件（2009 年版）》通用合同条款第 15.1 款变更的范围和内容规定：在履行合同中发生以下情形之一，应按照本款规定进行变更。

（1）取消合同中任何一项工作，但被取消的工作不能转由发包人或其他人实施；

（2）改变合同中任何一项工作的质量或其他特性；

（3）改变合同工程的基线、标高、位置或尺寸；

（4）改变合同中任何一项工作的施工时间或改变已批准的施工工艺或顺序；

（5）为完成工程需要追加的额外工作；

（6）增加或减少专用合同条款中约定的关键项目工程量超过其工程总量的一定数量百分比。

上述第（1）~（6）条的变更内容引起工程施工组织和进度计划发生实质性变动和影响其原定的价格时，才予以调整该项目的单价。第（6）条情形下单价调整方式在专用合同条款中约定。

> 【考生这样记】
> 三改变、一取消、一追加、一增加或减少。

2. 变更权

《水利水电工程标准施工招标文件（2009 年版）》通用合同条款第 15.2 款变更权规定：在履行合同过程中，经发包人同意，监理人可按 15.3 款约定的变更程序向承包人作出变更指示，承包人应遵照执行。没有监理人的变更指示，承包人不得擅自变更。

3. 变更的估价原则

《水利水电工程标准施工招标文件（2009 年版）》通用合同条款第 15.4 款变更的估

价原则规定：除专用合同条款另有约定外，因变更引起的价格调整按照本款约定处理。

（1）已标价工程量清单中有适用于变更工作的子目的，采用该子目的单价。

（2）已标价工程量清单中无适用于变更工作的子目，但有类似子目的，可在合理范围内参照类似子目的单价，由监理人按第 3.5 款商定或确定变更工作的单价。

（3）已标价工程量清单中无适用或类似子目的单价，可按照成本加利润的原则，由监理人按第 3.5 款商定或确定变更工作的单价。

4．变更程序

变更程序，见表 3-1。

变更程序　　　　　　　　　　　　　　　　　　　　　　　　　表 3-1

项目	内容
变更的提出	《水利水电工程标准施工招标文件（2009 年版）》规定： （1）在合同履行过程中，可能发生第 15.1 款约定情形的，监理人可向承包人发出变更意向书。变更意向书应说明变更的具体内容和发包人对变更的时间要求，并附必要的图纸和相关资料。变更意向书应要求承包人提交包括拟实施变更工作的计划、措施和竣工时间等内容的实施方案。发包人同意承包人根据变更意向书要求提交的变更实施方案的，由监理人按第 15.3.3 项约定发出变更指示。 （2）在合同履行过程中，发生第 15.1 款约定情形的，监理人应按照第 15.3.3 项约定向承包人发出变更指示。 （3）承包人收到监理人按合同约定发出的图纸和文件，经检查认为其中存在第 15.1 款约定情形的，可向监理人提出书面变更建议。变更建议应阐明要求变更的依据，并附必要的图纸和说明。监理人收到承包人书面建议后，应与发包人共同研究，确认存在变更的，应在收到承包人书面建议后的 14 天内作出变更指示。经研究后不同意作为变更的，应由监理人书面答复承包人。 （4）若承包人收到监理人的变更意向书后认为难以实施此项变更，应立即通知监理人，说明原因并附详细依据。监理人与承包人和发包人协商后确定撤销、改变或不改变原变更意向书
变更估价	《水利水电工程标准施工招标文件（2009 年版）》规定： （1）除专用合同条款对期限另有约定外，承包人应在收到变更指示或变更意向书后的 14 天内，向监理人提交变更报价书，报价内容应根据第 15.4 款约定的估价原则，详细开列变更工作的价格组成及其依据，并附必要的施工方法说明和有关图纸。 （2）变更工作影响工期的，承包人应提出调整工期的具体细节。监理人认为有必要时，可要求承包人提交要求提前或延长工期的施工进度计划及相应施工措施等详细资料。 （3）除专用合同条款对期限另有约定外，监理人收到承包人变更报价书后的 14 天内，根据第 15.4 款约定的估价原则，按照第 3.5 款商定或确定变更价格
变更指示	《水利水电工程标准施工招标文件（2009 年版）》规定： （1）变更指示只能由监理人发出。 （2）变更指示应说明变更的目的、范围、变更内容以及变更的工程量及其进度和技术要求，并附有关图纸和文件。承包人收到变更指示后，应按变更指示进行变更工作
设计变更程序	项目监理单位收到施工单位提交的工程变更申请后，正确的处理程序为：（1）总监理工程师报发包人；（2）发包人联系设计单位；（3）设计单位修改施工图并签署设计变更文件；（4）发包人收到设计变更文件后转交项目监理单位；（5）总监理工程师向施工单位发出变更指示

5．监理的变更管理规定

《水利工程施工监理规范》SL 288—2014 中第 6.7.1 条规定，变更管理应符合下列规定：

（1）变更的提出、变更指示、变更报价、变更确定和变更实施等过程应按施工合同约定的程序进行。

（2）监理机构可依据合同约定向承包人发出变更意向书，要求承包人就变更意向书中的内容提交变更实施方案（包括实施变更工作的计划、措施和完工时间）；审核承包人的变更实施方案，提出审核意见，并在发包人同意后发出变更指示。若承包人提出了难以实施此项变更的原因和依据，监理机构应与发包人、承包人协商后确定撤销、改变或不改变原变更意向书。

（3）监理机构收到承包人的变更建议后，应按下列内容进行审查；监理机构若同意变更，应报发包人批准后，发出变更指示：①变更的原因和必要性。②变更的依据、范围和内容。③变更可能对工程质量、价格及工期的影响。④变更的技术可行性及可能对后续施工产生的影响。

（4）监理机构应根据监理合同授权和施工合同约定，向承包人发出变更指示。变更指示应说明变更的目的、范围、内容、工程量、进度和技术要求等。

（5）需要设代机构修改工程设计或确认施工方案变化的，监理机构应提请发包人通知设代机构。

（6）监理机构审核承包人提交的变更报价时，应依据批准的变更项目实施方案，审核后报发包人：

（7）当发包人与承包人就变更价格和工期协商一致时，监理机构应见证合同当事人签订变更项目确认单。当发包人与承包人就变更价格不能协商一致时，监理机构应认真研究后审慎确定合适的暂定价格，通知合同当事人执行；当发包人与承包人就工期不能协商一致时，按合同约定处理。

【想对考生说】

上述知识点为考生需要掌握的内容，可能会考查变更情形的判别、变更的估价原则、工程变更程序等。

【历年这样考】

【2023 年真题】

某调水工程，原建设内容包括河道土方开挖、边坡防护，新建节制闸及管护道路等，某监理单位承担了该标段监理工作，并在现场组建了监理机构，工程施工过程中发生如下事件：

事件 5：节制闸基坑开挖基面时，发现有 1.0m 厚的淤质土层，与地质勘察资料不符，承包人提出用水泥掺量 8% 的水泥土进行换填的变更建议。

【问题】

事件 5 中，监理机构应如何处理承包人提出的变更建议？

【参考答案】

监理机构应与发包人协商是否采纳承包人提出的建议。建议被采纳并构成变更的，监理人向承包人发出工程变更指示。建议未被采纳的，监理人应及时书面通知承包人。

【想对考生说】

变更的程序是很重要的知识点，一定要掌握。

【还会这样考】

招标人××省水利工程建设管理局依据《水利水电工程标准施工招标文件（2009年版）》编制了新阳泵站主体工程施工标招标文件，交易场所为××省公共资源交易中心，投标截止时间为2022年7月19日。在阅读招标文件后，投标人×××集团对招标文件提交了异议函。

异议函

××省公共资源交易中心：

新阳泵站主体工程施工标招标文件对合同工期的要求前后不一致，投标人须知前附表为26个月，而技术条款为30个月。请予澄清。

×××集团

2022年7月12日

×××集团投标文件中，投标报价汇总表（分组工程量清单模式），见表3-2。

投标报价汇总表   表3-2

组号	工程项目或费用名称	金额（元）	备注
一	建筑工程	50000000	
二	机电设备安装工程	8000000	设备由发包人另行采购
三	金属结构设备安装工程	6000000	设备由发包人另行采购
四	水土保持及环境保护工程	1000000	
五	施工临时工程	3700000	
1	施工围堰工程	1000000	总价承包
2	施工交通工程	500000	
3	施工单位临时房屋建筑工程	1000000	
4	其他临时工程	1200000	
一～五合计		68700000	
	暂列金额＝（一～五合计）×5%	3435000	发包人掌握
	总计	72135000	

经过评标，×××集团中标。根据招标文件，施工围堰工程为总价承包项目，招标文件提供了初步设计施工导流方案，供投标人参考。×××集团采用了招标文件提

供的施工导流方案。实施过程中，围堰在设计使用条件下发生坍塌事故，造成 30 万元直接经济损失。×××集团以施工导流方案由招标文件提供为由，在事件发生后依合同规定程序陆续提交相关索赔函件，向发包人提出索赔。

【问题】

1. 依据《水利水电工程标准施工招标文件（2009 年版）》，指出预留暂列金额的目的和使用暂列金额时的估价原则。

2. 依据背景材料，×××集团提出的索赔能否成立？说明理由。指出围堰坍塌事故发生后 ××× 集团提交的相关索赔函件名称。

【参考答案】

1. 预留暂列金额的目的是处理合同变更。

依据《水利水电工程标准施工招标文件（2009 年版）》，使用暂列金额时的估价原则：

（1）已标价工程量清单中有适用于变更工作子目的，采用该子目单价；

（2）已标价工程量清单中无适用于变更工作的子目，但有类似子目的，可在合理范围内参照类似子目单价，由监理人商定或确定变更工作的单价；

（3）已标价工程量清单中无适用或类似子目的，可按照成本加利润的原则，由监理人商定或确定变更工作的单价。

2. 依据背景材料，×××集团提出的索赔不成立。

因为围堰工程是总价承包项目，招标文件提供的施工导流方案仅供参考，围堰发生事故非发包人责任。

事件发生后，×××集团提交的相关索赔函件包括索赔意向通知书、索赔通知书、最终索赔通知书。

> **【想对考生说】**
>
> 1. 本案例问题 1 考核了变更的估价原则。解答本题的依据是《水利水电工程标准施工招标文件（2009 年版）》第 15.4 款的规定。
>
> 2. 本案例问题 2 考核了索赔管理的内容。索赔函件包括索赔意向通知书、索赔通知书、最终索赔通知书。

第二节　索赔管理

扫码学习

【考生必掌握】

1. 索赔管理

索赔管理，见表 3-3。

索赔管理　　　　　　　　　　　　　　　　　　　　　　表 3-3

项目	内容
工程索赔的分类	工程索赔是指在工程合同履行过程中，当事人一方因非己方的原因而遭受经济损失或工期延误，按照合同约定或法律规定，应由对方承担责任，而向对方提出的工期和（或）费用补偿要求的行为。按照分类标准不同，工程索赔类型有所不同。 （1）按照索赔主体分类，分为发包人的索赔和承包人的索赔。 （2）按照索赔目的和要求的不同，分为工期索赔和费用索赔。 （3）按照索赔事件性质的不同，分为工程延误索赔、加速施工索赔、工程变更索赔、合同终止索赔、不可预见的不利条件索赔、不可抗力事件索赔和其他索赔等
监理人判定索赔成立的原则（必须同时具备，缺一不可）	（1）与合同对照，事件已造成了承包人工程项目成本的额外支出，或直接工期损失。 （2）造成费用增加或工期损失的原因，按合同约定不属于承包人的行为责任或风险责任。 （3）承包人按合同规定的程序和时间提交索赔意向通知和索赔报告。 （4）证据充分
承包人索赔的提出	根据《水利水电工程标准施工招标文件（2009 年版）》通用合同条款第 23.1 款规定，根据合同约定，承包人认为有权得到追加付款和（或）延长工期的，应按以下程序向发包人提出索赔： （1）承包人应在知道或应当知道索赔事件发生后 28 天内，向监理人递交索赔意向通知书，并说明发生索赔事件的事由。承包人未在前述 28 天内发出索赔意向通知书的，丧失要求追加付款和（或）延长工期的权利； （2）承包人应在发出索赔意向通知书后 28 天内，向监理人正式递交索赔通知书。索赔通知书应详细说明索赔理由以及要求追加的付款金额和（或）延长的工期，并附必要的记录和证明材料； （3）索赔事件具有连续影响的，承包人应按合理时间间隔继续递交延续索赔通知，说明连续影响的实际情况和记录，列出累计的追加付款金额和（或）工期延长天数； （4）在索赔事件影响结束后的 28 天内，承包人应向监理人递交最终索赔通知书，说明最终要求索赔的追加付款金额和延长的工期，并附必要的记录和证明材料。
承包人索赔处理程序	根据《水利水电工程标准施工招标文件（2009 年版）》通用合同条款第 23.2 款规定： （1）监理人收到承包人提交的索赔通知书后，应及时审查索赔通知书的内容、查验承包人的记录和证明材料，必要时监理人可要求承包人提交全部原始记录副本。 （2）监理人应按第 3.5 款商定或确定追加的付款和（或）延长的工期，并在收到上述索赔通知书或有关索赔的进一步证明材料后的 42 天内，将索赔处理结果答复承包人。 （3）承包人接受索赔处理结果的，发包人应在作出索赔处理结果答复后 28 天内完成赔付。承包人不接受索赔处理结果的，按第 24 条的约定办理
承包人提出索赔的期限	根据《水利水电工程标准施工招标文件（2009 年版）》通用合同条款第 23.3 款规定： （1）承包人按第 17.5 款的约定接受了完工付款证书后，应被认为已无权再提出在合同工程完工证书颁发前所发生的任何索赔。 （2）承包人按第 17.6 款的约定提交的最终结清申请单中，只限于提出合同工程完工证书颁发后发生的索赔。提出索赔的期限自接受最终结清证书时终止
发包人的索赔	根据《水利水电工程标准施工招标文件（2009 年版）》通用合同条款第 23.4 款规定： （1）发生索赔事件后，监理人应及时书面通知承包人，详细说明发包人有权得到的索赔金额和（或）延长缺陷责任期的细节和依据。发包人提出索赔的期限和要求与第 23.3 款的约定相同，延长缺陷责任期的通知应在缺陷责任期届满前发出。 （2）监理人按第 3.5 款商定或确定发包人从承包人处得到赔付的金额和（或）缺陷责任期的延长期。承包人应付给发包人的金额可从拟支付给承包人的合同价款中扣除，或由承包人以其他方式支付给发包人。 （3）承包人对监理人按第 23.4.1 项发出的索赔书面通知内容持异议时，应在收到书面通知后的 14 天内，将持有异议的书面报告及其证明材料提交监理人。监理人应在收到承包人书面报告后的 14 天内，将异议的处理意见通知承包人，并按第 23.4.2 项的约定执行赔付。若承包人不接受监理人的索赔处理意见，可按本合同第 24 条的规定办理

续表

项目	内容
发包人向承包人的索赔	工程拖期索赔：每拖期完工1天，应赔偿一定款额的损失赔偿费；拖期损失赔偿费的总额，一般不能超过该工程项目合同价格的一定比例（通常为10%）。 施工缺陷索赔。 承包人不履行的保险费用索赔。 对指定分包商的付款索赔。 发包人合同终止合同或承包人不正当地放弃工程的索赔。 其他损失索赔：承包人运送自己的施工设备和材料时，损坏了沿途公共的公路或桥梁；承包人的建筑材料或设备不符合合同要求而要重复检验时，所带来的检测费用开支；承包人原因造成工期拖延，超出计划工期的拖延时间内的监理人服务费用，发包人要求由承包人承担

【想对考生说】

上述知识点为考生需要掌握的内容，可能会考查承包人索赔的提出、承包人索赔处理程序、发包人的索赔等。

2.《水利水电工程标准施工招标文件（2009年版）》中合同条款规定的可以合理补偿承包人索赔的条款

《水利水电工程标准施工招标文件（2009年版）》中合同条款规定的可以合理补偿承包人索赔的条款，见表3-4。

《水利水电工程标准施工招标文件（2009年版）》中合同条款规定的
可以合理补偿承包人索赔的条款

表3-4

主要内容	可补偿内容		
	工期	费用	利润
施工过程发现文物、古迹以及其他遗迹、化石、钱币或物品	√	√	
不利的物质条件	√	√	
发包人要求向承包人提前交付材料和工程设备		√	
发包人提供的材料和工程设备不符合合同要求	√	√	√
发包人提供资料错误导致承包人的返工或造成工程损失	√	√	√
发包人的原因造成工期延误	√	√	√
异常恶劣的气候条件	√		
发包人要求承包人提前竣工		√	
发包人原因引起的暂停施工	√	√	√
发包人原因引起造成暂停施工后无法按时复工	√	√	√
发包人原因造成工程质量达不到合同约定验收标准的	√	√	√
监理人对隐蔽工程重新检查、经检验证明工程质量符合合同要求的	√	√	√
法律变化引起的价格调整		√	

续表

主要内容	可补偿内容		
	工期	费用	利润
发包人在全部工程竣工前，使用已接受的单位工程导致承包人费用增加的	√	√	√
发包人原因导致试运行失败的		√	√
发包人原因导致的工程缺陷和损失		√	√
不可抗力不能按期竣工	√		

3．工期索赔的计算

关键线路上工作活动持续时间的拖延，必然造成总工期的拖延，可提出工期索赔，而非关键线路上的工作活动在时差范围内的拖延如果不影响工期，则不应批准工期索赔的要求。

扫码学习

4．费用索赔的计算

（1）承包人向发包人可以索赔的费用：人工费（额外劳动力雇佣、劳动效率降低、人员闲置、加班工作、人员人身保险和各种社会保险支出）、材料费（额外材料使用、材料破损估价、材料涨价、材料保管运输费用）、设备费（额外设备使用、设备使用时间延长、设备闲置、设备折旧和修理费分摊、设备租赁实际费用增加、设备保险增加）、低值易耗品（额外低值易耗品使用、小型工具、仓库保管成本）、现场管理费（工期延长期的现场管理费、办公设施、办公用品、临时

扫码学习

供热供水及照明、人员保险、额外管理人员雇佣、管理人员工作时间、工资和有关福利待遇的提高）、总部管理费（合同期间的总部管理费超支、延长期中的总部管理费）、融资成本（贷款利息、自有资金利息）、额外担保费用、利润损失。

（2）承包人向发包人不允许索赔的费用：承包人的索赔准备费用，工程保险费用，因合同变更或索赔事项引起的工程计划调整、分包合同修改等费用，因承包人的不适当行为而扩大的损失，索赔金额在索赔处理期间的利息。

（3）索赔费用的计算方法：

①实际费用法：索赔金额＝某项工作调整后的实际总费用－该项工作调整后报价费用。

②总费用法：索赔金额＝实际总费用－投标报价估算费用。

③修正的总费用法：实际费用法是承包人以索赔事项的施工引起的附加开支为基础，加上应付的间接费和利润，向业主提出索赔款的数额。

【还会这样考】

承包人承担某堤防工程，工程项目的内容为堤段Ⅰ（土石结构）和堤段Ⅱ（混凝土结构），合同双方依据《堤防和疏浚工程施工合同范本》签订了合同，签约合同价为

600万元，合同工期为120天。合同约定：

（1）工程预付款为签约合同价的10%；当工程进度款累计达到签约合同价的60%时，从当月开始，在2个月内平均扣回。

（2）工程进度款按月支付，保留金（质量保证金）在工程进度款中按5%预留。

经监理机构批准的施工进度计划，如图3-1所示。

由于发包人未及时提供施工图纸，导致"堤段Ⅱ混凝土浇筑"推迟5天完成，增加费用5万元。承包人在事件发生后向发包人提交了延长工期5天、补偿费用5万元的索赔申请报告。

根据"堤段Ⅰ堤身填筑"工程量统计表（表3-5）绘制的工程进度曲线，如图3-2所示。

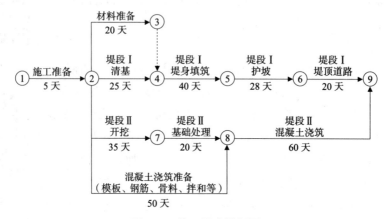

图3-1 施工进度计划图

"堤段Ⅰ堤身填筑"工程量统计表　　　　　　　　　　　　　　　表3-5

时间（天） 工程量（m³）	0～10	10～20	20～30	30～40
计划	2100	2400	2600	2900
实际	2000	2580	2370	3050

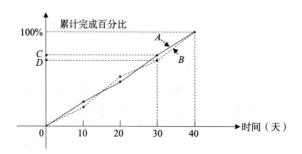

图3-2 "堤段Ⅰ堤身填筑"工程进度曲线图

监理机构确认的1～4月份的工程进度款，见表3-6。

月份	1	2	3	4
金额（万元）	98	165	205	132

1～4月份监理机构确认的工程进度款　　　　　　　　　　表3-6

注：监理机构确认的工程进度款中已包含索赔的费用。

【问题】

1．指出网络计划的工期和关键线路（用节点表示）。

2．承包人向发包人提出的索赔要求合理吗？说明理由。承包人提交的索赔申请的做法有何不妥？写出正确的做法。索赔申请报告中应包括的主要内容有哪些？

3．指出"堤段Ⅰ堤身填筑"工程进度曲线中的 A、B 分别代表什么，并计算 C、D 值。

4．计算3月份应支付的工程款。

【参考答案】

1．网络图中工期最长的线路即为关键线路。则关键线路为：①→②→⑦→⑧→⑨。网络计划的工期为：$T=5+35+20+60=120$ 天。

2．（1）承包人向发包人提出的费用索赔和工期索赔，合理。

理由：发包人未及时提供施工图纸，属于发包人的责任，且堤段Ⅱ混凝土浇筑是关键工作，其持续时间增加将造成总工期的延误，因此，承包人可以向发包人索赔延误的工期和增加的费用。

（2）承包人在事件发生后向发包人提交索赔申请报告，不妥。

正确做法：承包人应在知道或应当知道索赔事件发生后28天内，向监理人递交索赔意向通知书，并说明发生索赔事件的事由；承包人应在发出索赔意向通知书后28天内，向监理人正式递交索赔通知书。

（3）索赔申请报告中包括的主要内容应有：索赔理由、要求追加的付款金额和延长的工期，并附必要的记录和证明材料。

3．（1）根据表3-5所示"堤段Ⅰ堤身填筑"工程量统计表可知，在第30天末，计划完成累计工程量为：$2100+2400+2600=7100\text{m}^3$，实际完成累计工程量为：$2000+2580+2370=6950\text{m}^3$，则可判断 A 代表的是计划进度曲线，B 代表的是实际进度曲线。

（2）"堤段Ⅰ堤身填筑"总工程量为 10000m^3，则：

①计划累计完成百分比 C 值为：$7100/10000=71\%$；

②实际累计完成百分比 D 值为：$6950/10000=69.5\%$。

4．（1）工程预付款 $=600\times10\%=60$ 万元

（2）2月底工程进度款累计达到签约合同价的 $(98+165)/600=43.8\%$，3月底工程进度款累计达到签约合同价的 $(98+165+205)/600=78.0\%$。按合同约定，工程预付款应从3月份开始起扣。3月份工程预付款扣回金额为30万元。

（3）保留金预留金额 $=205\times5\%=10.25$ 万元

（4）3月份应支付的工程款 $=205-10.25-30=164.75$ 万元

【想对考生说】

1. 本案例问题1考核了关键线路的确定和工期计算。（1）通过工作节点计算时间参数，总时差为最小的工作为关键工作，由关键工作组成的线路为关键线路。（2）最长线路法计算总工期、确定关键线路（关键工作）。线路最长者为关键线路，关键线路上的工作为关键工作，最长线路上工作持续时间之和为总工期。

本题采用最长线路法计算：线路一：①→②→③→④→⑤→⑥→⑨（5+20+40+28+20=113天）；线路二：①→②→④→⑤→⑥→⑨（5+25+40+28+20=118天）；线路三：①→②→⑦→⑧→⑨（5+35+20+60=120天）；线路四：①→②→⑧→⑨（5+50+60=115天）。

2. 本案例问题2考核了发包人责任、承包人索赔的提出、施工监理工作常用表格中索赔申请报告的内容。解答本题的依据是《水利水电工程标准施工招标文件（2009年版）》第2.3款、第23.1款及《水利工程施工监理规范》SL 288—2014中附录E施工监理工作常用表格。

3. 本案例问题3考核了工程进度曲线的有关内容。施工进度曲线图一般用横轴代表工期，纵轴代表工程完成数量或施工量的累计。将有关数据表示在坐标纸上，就可确定出工程施工进度曲线，把计划进度曲线与实际施工进度曲线相比较，则可掌握工程进度情况并利用它来控制施工进度。工程施工进度曲线的切线斜率即为施工进度速度。

在进度曲线图中，A、B分别代表计划、实际两条曲线，横坐标代表时间，纵坐标代表累计工程量（一般用百分数表示）。累计工程量计算结果，见表3-7。

累计工程量计算结果　　　　　　　　　　　　　　　表3-7

累计工程量/（%） ＼ 时间/天	0～10	0～20	0～30	0～40
计划	21	45	71	100
实际	20	45.80	69.5	100

根据以上计算结果，可确定A为计划曲线，B为实际曲线。C、D分别为第30天末计划、实际累计工程量。

$$C 为 71.0\% \left(\frac{2100+2400+2600}{2100+2400+2600+2900} \times 100\% = 71.0\% \right);$$

$$D 为 69.5\% \left(\frac{2000+2580+2370}{2000+2580+2370+3050} \times 100\% = 69.5\% \right).$$

4. 本案例问题 4 考核了工程进度款的计算方法。《水利水电工程标准施工招标文件（2009 年版）》通用合同条款规定，预付款用于承包人为合同工程施工购置材料、工程设备、施工设备、修建临时设施以及组织施工队伍进场等。分为工程预付款和工程材料预付款。预付款必须专用于合同工程。预付款的额度和预付办法在专用合同条款中约定。

工程是否实行预付款，取决于工程性质、承包工程量的大小及发包人在招标文件中的规定。工程实行预付款的，发包人应按合同约定的时间和比例（或金额）向承包人支付工程预付款。

按照《建设工程价款结算暂行办法》第十二条规定，工程预付款的额度应符合的规定：包工包料的工程，原则上预付比例<u>不低于合同金额（扣除暂列金额）的 10%，不高于合同金额（扣除暂列金额）的 30%；对重大工程项目，按年度工程计划逐年预付</u>。实行工程量清单计价的工程，实体性消耗和非实体性消耗部分应在合同中分别约定预付款比例（或金额）。

第三节　分包管理

【考生必掌握】

一、《水利水电工程标准施工招标文件（2009 年版）》的规定

4.3.6 分包分为工程分包和劳务作业分包。工程分包应遵循合同约定或者经发包人书面认可。禁止承包人将本合同工程进行违法分包。分包人应具备与分包工程规模和标准相适应的资质和业绩，在人力、设备、资金等方面具有承担分包工程施工的能力。分包人应自行完成所承包的任务。

4.3.7 在合同实施过程中，如承包人无力在合同规定的期限内完成合同中的应急防汛、抢险等危及公共安全和工程安全的项目，发包人可对该应急防汛、抢险等项目的部分工程指定分包人。因非承包人原因形成指定分包条件的，发包人的指定分包不应增加承包人的额外费用；因承包人原因形成指定分包条件的，承包人应承担指定分包所增加的费用。

由指定分包人造成的与其分包工作有关的一切索赔、诉讼和损失赔偿由指定分包人直接对发包人负责，承包人不对此承担责任。

4.3.8 承包人和分包人应当签订分包合同，并履行合同约定的义务。分包合同必须遵循承包合同的各项原则，满足承包合同中相应条款的要求。发包人可以对分包合同实施情况进行监督检查。承包人应将分包合同副本提交发包人和监理人。

4.3.9 除 4.3.7 条规定的指定分包外，承包人对其分包项目的实施以及分包人的行

为向发包人负全部责任。承包人应对分包项目的工程进度、质量、安全、计量和验收等实施监督和管理。

4.3.10 分包人应按专用合同条款的约定设立项目管理机构组织管理分包工程的施工活动。

二、《水利工程施工监理规范》SL 288—2014 的规定

6.7.6 工程分包管理应符合下列规定：

（1）监理机构在施工合同约定或有关规定允许分包的工程项目范围内，对承包人的分包申请进行审核，并报发包人批准。监理机构的分包审核包括以下内容：

1）申请分包工程项目（或工作内容）、分包工程量及分包金额。

2）分包人的名称、资质等级、经营范围。

3）分包人拟用于本工程的技术力量及施工设备情况。

4）分包人过去曾承担过的与本分包工程相同或类似工程项目的情况。

5）分包人拟向分包项目派出的负责人、主要技术人员和管理人员基本情况。

6）其他必要的内容和资料。

（2）只有在分包项目最终获得发包人批准，承包人与分包人签订了分包合同并报监理机构备案后，监理机构方可允许分包人进场。

（3）分包管理应包括下列工作内容：

1）监理机构应监督承包人对分包人和分包工程项目的管理，并监督现场工作，但不受理分包合同争议。

2）分包工程项目的施工技术方案、开工申请、工程质量报验、变更和合同支付等，应通过承包人向监理机构申报。

3）分包工程只有在承包人自检合格后，方可由承包人向监理机构提交验收申请报告。

> 【想对考生说】
> 考生重要掌握《水利工程施工监理规范》SL 288—2014 中有关监理机构对分包工程的相关规定。

【还会这样考】

某水闸工程，在合同实施过程中，承包人拟将应急防汛、抢险等危及公共安全和工程安全的项目进行了分包，承包人向监理机构提交了分包申请，监理机构对承包人的分包申请进行了审核，监理机构审核的内容包括：（1）申请分包工程项目、分包工程量。（2）分包人的名称、资质等级、经营范围。（3）分包人拟向分包项目派出的负责人的基本情况。审核后报发包人批准。

【问题】

补充监理机构审核分包申请的内容。

【参考答案】

监理机构审核分包的内容还应包括:(1)申请分包金额。(2)分包人拟用于本工程的技术力量及施工设备情况。(3)分包人过去曾承担过的与本分包工程相同或类似工程项目的情况。(4)分包人拟向分包项目派出的主要技术人员和管理人员基本情况。

【想对考生说】

这属于补充型的案例分析题,需要考生记忆。

第四节　履约与违约

一、不可抗力(重点内容)

不可抗力,如图 3-3 所示。

不可抗力的确认:

　　根据《水利水电工程标准施工招标文件(2009年版)》,不可抗力是指承包人和发包人在订立合同时不可预见,在工程施工过程中不可避免发生并不能克服的自然灾害和社会性突发事件,如地震、海啸、瘟疫、水灾、骚乱、暴动、战争和专用合同条款约定的其他情形。

　　不可抗力发生后,发包人和承包人应及时认真统计所造成的损失,收集不可抗力造成损失的证据。合同双方对是否属于不可抗力或其损失的意见不一致的,由监理人商定或确定。发生争议时,按争议的约定办理

不可抗力造成损害的责任:

　　根据《水利水电工程标准施工招标文件(2009年版)》,除专用合同条款另有约定外,不可抗力导致的人员伤亡、财产损失、费用增加和(或)工期延误等后果,由合同双方按以下原则承担:(谁的损失谁承担)(可考查直接问答型题目)

　　(1)永久工程,包括已运至施工场地的材料和工程设备的损害,以及因工程损害造成的第三者人员伤亡和财产损失由发包人承担;

　　(2)承包人设备的损坏由承包人承担;

　　(3)发包人和承包人各自承担其人员伤亡和其他财产损失及其相关费用;

　　(4)承包人的停工损失由承包人承担,但停工期间应按监理人要求照管工程和清理、修复工程的金额由发包人承担;

　　(5)不能按期竣工的,应合理延长工期,承包人不需支付逾期竣工违约金。发包人要求赶工的,承包人应采取赶工措施,赶工费用由发包人承担

不可抗力

因不可抗力解除合同:

　　根据《水利水电工程标准施工招标文件(2009年版)》,合同一方当事人因不可抗力不能履行合同的,应当及时通知对方解除合同。合同解除后,承包人应按照约定撤离施工场地。已经订货的材料、设备由订货方负责退货或解除订货合同,不能退还的货款和因退货、解除订货合同发生的费用由发包人承担,因未及时退货造成的损失由责任方承担

图 3-3　不可抗力

【还可这样考】

某堤防工程，按期进入安装调试阶段后，由于雷电引发了一场火灾。火灾结束后48h内，G施工单位向项目监理机构通报了火灾损失情况：工程本身损失150万元；总价值100万元的待安装设备彻底报废；G施工单位人员烧伤所需医疗费及补偿费预计15万元，租赁的施工设备损坏赔偿10万元；其他单位临时停放在现场的一辆价值25万元的汽车被烧毁。另外，大火扑灭后G施工单位停工5天，造成其他施工机械闲置损失2万元以及必要的管理保卫人员费用支出1万元，并预计工程所需清理、修复费用200万元。损失情况经项目监理机构审核属实。

【问题】

安装调试阶段发生的这场火灾是否属于不可抗力？指出建设单位和G施工单位应各自承担哪些损失或费用（不考虑保险因素）？

【参考答案】

安装调试阶段发生的火灾属于不可抗力。

建设单位应承担的费用包括：工程本身损失150万元，其他单位临时停放在现场的汽车损失25万元，待安装设备的损失100万元，必要的管理保卫人员费用支出1万元、工程所需清理、修复费用200万元。

G施工单位应承担的费用包括：G施工单位人员烧伤所需医疗费及补偿费预计15万元，租赁的施工设备损坏赔偿10万元，大火扑灭后G施工单位停工5天，造成其他施工机械闲置损失2万元。

【想对考生说】

不可抗力考查时，一般考查不可抗力事件发生时工期索赔和费用索赔的处理，考查的题型一般是分析判断类型的题目，有时可能直接考查简答类型的题目，考生要将《水利水电工程标准施工招标文件（2009年版）》中关于不可抗力的规定牢记。

二、当事人违约（考查分析判断类型的题目）

当事人违约的相关要点，见表3-8。

当事人违约的相关要点　　　　　　　　　　　　　　　表3-8

项目		内容
承包人违约	承包人违约的情形	根据《水利水电工程标准施工招标文件（2009年版）》，在履行合同过程中发生的下列情况属承包人违约： （1）承包人违反第1.8款或第4.3款的约定，私自将合同的全部或部分权利转让给其他人，或私自将合同的全部或部分义务转移给其他人； （2）承包人违反第5.3款或第6.4款的约定，未经监理人批准，私自将已按合同约定进入施工场地的施工设备、临时设施或材料撤离施工场地； （3）承包人违反第5.4款的约定使用了不合格材料或工程设备，工程质量达不到标准要求，又拒绝清除不合格工程；

续表

项目		内容
承包人违约	承包人违约的情形	（4）承包人未能按合同进度计划及时完成合同约定的工作，已造成或预期造成工期延误； （5）承包人在缺陷责任期（工程质量保修期）内，未能对合同工程完工验收鉴定书所列的缺陷清单的内容或缺陷责任期（工程质量保修期）内发生的缺陷进行修复，而又拒绝按监理人指示再进行修补； （6）承包人无法继续履行或明确表示不履行或实质上已停止履行合同； （7）承包人不按合同约定履行义务的其他情况
	对承包人违约情形的处理	根据《水利水电工程标准施工招标文件（2009年版）》，对承包人违约的处理要求如下： （1）承包人发生上述（承包人违约情形）第（6）条约定的违约情况时，发包人可通知承包人立即解除合同，并按有关法律处理； （2）承包人发生除上述（承包人违约情形）第（6）条约定以外的其他违约情况时，监理人可向承包人发出整改通知，要求其在指定的期限内改正。承包人应承担其违约所引起的费用增加和（或）工期延误； （3）经检查证明承包人已采取了有效措施纠正违约行为，具备复工条件的，可由监理人签发复工通知复工
发包人违约	发包人违约的情形	根据《水利水电工程标准施工招标文件（2009年版）》，在履行合同过程中发生的下列情形，属发包人违约： （1）发包人未能按合同约定支付预付款或合同价款，或拖延、拒绝批准付款申请和支付凭证，导致付款延误的； （2）发包人原因造成停工的； （3）监理人无正当理由没有在约定期限内发出复工指示，导致承包人无法复工的； （4）发包人无法继续履行或明确表示不履行或实质上已停止履行合同的； （5）发包人不履行合同约定其他义务的
	对发包人违约情形的处理	根据《水利水电工程标准施工招标文件（2009年版）》，发包人发生除第22.2.1（4）条以外的违约情况时，承包人可向发包人发出通知，要求发包人采取有效措施纠正违约行为。发包人收到承包人通知后的28天内仍不履行合同义务，承包人有权暂停施工，并通知监理人，发包人应承担由此增加的费用和（或）工期延误，并支付承包人合理利润。 发生第22.2.1（4）条的违约情况时，承包人可书面通知发包人解除合同
违约金的计算		《民法典》第五百八十五条规定，当事人可以约定一方违约时应当根据违约情况向对方支付一定数额违约金，也可约定因违约产生的损失赔偿额的计算方法。约定的违约金低于造成的损失的，当事人可以请求人民法院或者仲裁机构予以增加；约定的违约金过分高于造成的损失的，当事人可以请求人民法院或者仲裁机构予以适当减少。 《民法典》第五百九十一条规定，当事人一方违约后，对方应当采取适当措施防止损失的扩大；没有采取适当措施致使损失扩大的，不得就扩大的损失要求赔偿。当事人因防止损失扩大而支出的合理费用，由违约方承担

【想对考生说】

　　承包人和发包人违约情形及处理可以这样考查：在背景中列出相关违约事件，要求考生判断违约事件哪些属于发包人违约的情形，哪些属于承包人违约的情形？还要求分别指出发生的违约事件的处理方案。

　　违约金的计算可以这样考查：根据背景中具体发生事件，要求考生回答违约方应支付的违约赔偿数额，并说明为什么赔偿。

三、竣工验收（验收）

根据《水利水电工程标准施工招标文件（2009 年版）》通用合同条款第 18.2 款和第 18.3 款规定，分部工程验收和单位工程验收组织和程序如下：

（1）分部工程验收：

①分部工程具备验收条件时，承包人应向发包人提交验收申请报告，发包人应在收到验收申请报告之日起 10 个工作日内决定是否同意进行验收。

②除专用合同条款另有约定外，监理人代表参加验收工作组。

③分部工程验收通过后，发包人向承包人发送分部工程验收鉴定书。承包人应及时完成分部工程验收鉴定书载明应由承包人处理的遗留问题。

（2）单位工程验收：

①单位工程具备验收条件时，承包人应向发包人提交验收申请报告，发包人应在收到验收申请报告之日起 10 个工作日内决定是否同意进行验收。

②发包人主持单位工程验收，承包人应派符合条件的代表参加验收工作组。

③单位工程验收通过后，发包人向承包人发送单位工程验收鉴定书。承包人应及时完成单位工程验收鉴定书载明应由承包人处理的遗留问题。

④需提前投入使用的单位工程在专用合同条款中明确。

【想对考生说】

分部工程验收和单位工程验收组织和程序可以这样考查：

（1）简答类型的题目：根据《水利水电工程标准施工招标文件（2009 年版）》，分部工程验收组织和程序包括哪些要求？单位工程验收组织和程序包括哪些要求？

（2）分析类型的题目：根据《水利水电工程标准施工招标文件（2009 年版）》，分部工程验收和单位工程验收有何异同？

【还会这样考】

某施工单位承包了一供水工程项目，合同条件采用《水利水电工程标准施工招标文件（2009 年版）》。

在合同实施中，由承包人采购使用的砂子不合格影响了混凝土工程的质量，监理人立即发出通知，要求承包人停止使用不合格的砂子，并要求提出补救措施。随后发生如下事件：

事件 1：承包人接到监理人的警告通知后，认为混凝土试样的平均强度指标达到了合同要求，只是保证率比规范要求低，由于工期紧，更换砂场费用高又对工期影响大，申请继续使用。于是在监理人发出书面警告后的第 30 天，承包人仍未采取任何有效补救措施，仍然使用不合格材料。

事件 2：最终在监理人的强制要求下，承包人提出了更换砂场的方案，并对已完成的不合格工程提出处理方案并得到监理人的同意。但同时承包人提出的由此造成的工期延误和费用损失应当由发包人补偿，其理由是：承包人原有使用的砂子已按合同规定进行了检验并且得到了监理人的同意。

事件 3：根据《水利工程施工监理规范》SL 288—2014，监理人对混凝土进行了平行检测。

事件 4：为了保证工程质量，发包人决定在合同规定的检验基础上，增加混凝土取芯检验，并通过监理人指示承包人。

【问题】

1. 事件 1 中，监理人是否应予同意承包人的继续使用申请？针对承包人的行为，监理人应采取哪些合同措施？

2. 事件 2 中，承包人的观点是否正确？说明理由。

3. 事件 3 中，平行检测的数量应如何确定？平行检测费用应由哪方承担？

4. 针对事件 4，承包人是否有权拒绝进行检验？检验费用的承担应如何确定？

【参考答案】

1. 监理人不应同意承包人的继续使用申请。监理人无权自行改变合同规定的任何质量标准，对于任何质量不合格的行为均不得同意。

承包人的行为属于违约行为，并在收到书面警告后的 28 天内仍未采取有效措施改正其违约行为，此时监理人可暂停支付工程价款，并按规定暂停其工程或部分工程施工，责令其停工整顿，并限令承包人在 14 天内提交整改报告报送监理人。由此增加的费用和工期延误责任由承包人承担。监理人发出停工整顿通知 28 天后，承包人继续无视监理人的指示，仍不提交整改报告，亦不采取整改措施，则发包人可通知承包单位解除合同并抄送监理人，并在发出通知 14 天后派员进驻工地直接监管工程，使用承包人设备、临时工程和材料，另行组织人员或委托其他承包人施工。

2. 承包人的观点不正确。

理由：监理人的检查和检验不免除承包人按合同规定应负的责任。题中所述更换砂场引起的工期延误和费用损失应完全由承包人承担。

3. 监理人对混凝土进行平行检测，其数量应不少于承包人检测数量的 3%，重要部位的每种强度等级的混凝土最少取样 1 组。

平行检测费用应由发包人承担。

4. 承包人不得拒绝进行检验。

这种检验属于额外检验，费用应由发包人承担。

【想对考生说】

1. 本案例问题1考核了禁止使用不合格的材料和工程设备、承包人的违约行为处理。根据《水利水电工程标准施工招标文件（2009年版）》中第5.4.2条规定，监理人发现承包人使用了不合格的材料和工程设备，应及时发出指示要求承包人立即改正，并禁止在工程中继续使用不合格的材料和工程设备。

根据《水利水电工程标准施工招标文件（2009年版）》中第22.1.2条规定，承包人发生除第22.1.1（6）条约定以外的其他违约情况时，监理人可向承包人发出整改通知，要求其在指定的期限内改正。承包人应承担其违约所引起的费用增加和（或）工期延误。

2. 本案例问题2考核了材料和工程设备的规定。根据《水利水电工程标准施工招标文件（2009年版）》中第5.4.1条规定，监理人有权拒绝承包人提供的不合格材料或工程设备，并要求承包人立即进行更换。监理人应在更换后再次进行检查和检验，由此增加的费用和（或）工期延误由承包人承担。

3. 本案例问题3考核了平行检测。根据《水利工程施工监理规范》SL 288—2014中第6.2.14条规定，平行检测应符合下列规定：

（1）监理机构可采用现场测量手段进行平行检测。

（2）需要通过实验室进行检测的项目，监理机构应按照监理合同约定通知发包人委托认可的具有相应资质的工程质量检测机构进行检测试验。

（3）平行检测的项目和数量（比例）应在监理合同中约定。其中，混凝土试样应不少于承包人检测数量的3%，重要部位各种强度等级的混凝土至少取样1组；土方试样应不少于承包人检测数量的5%，重要部位至少取样3组。施工过程中，监理机构可根据工程质量控制工作需要和工程质量状况等确定平行检测的频次分布。根据施工质量情况需要增加平行检测项目、数量时，监理机构可向发包人提出建议，经发包人同意增加的平行检测费用由发包人承担。

（4）当平行检测试验结果与承包人的自检试验结果不一致时，监理机构应组织承包人及有关各方进行原因分析，提出处理意见。

4. 本案例问题4考核了监理人指示的重新检验和额外检验。监理人为了对工程的施工质量进行严格控制，除了要进行合同中规定的检查检验外，还有权要求重新检验和额外检验，如《水利水电工程标准施工招标文件（2009年版）》第四章第14.1条规定，承包人应按合同约定进行材料、工程设备和工程的试验和检验，并为监理人对上述材料、工程设备和工程的质量检查提供必要的试验资料和原始记录。按合同约定应由监理人与承包人共同进行试验和检验的，由承包人负责提供必要的试验资料和原始记录。监理人对承包人的试验和检验结果有疑问的，或为查清承包人试验和检验成果的可靠性要求承包人重新试验和检验的，可按合同约定由监理人与承包人共同进行。重新试验和检验的结果证明该项材料、工程设备或工程的质量不符合合同要求的，由此增加的费用和（或）工期延误由承包人承担，重新试验和检验结果证明该项材料、工程设备和工程质量符合合同要求的，由发包人承担由此增加的费用和（或）工期延误，并支付承包人合理利润。

第五节　合同终止

【想对考生说】

这部分内容很少考核，如果考生有时间的话，找一些相关内容学习一下。

第四章
水利工程施工质量控制

扫码学习

第一节　建设各方质量责任

【考生必掌握】

水利工程中参与工程建设的各方，应根据《建设工程质量管理条例（2019 年修正）》《水利工程质量管理规定（2017 年修正）》的规定承担质量责任。

1. 建设单位的质量责任

建设单位的质量责任，见表 4-1。

建设单位的质量责任 表 4-1

项目	内容
《水利工程质量管理规定（2017 年修正）》	第十五条　项目法人（建设单位）应根据国家和水利部有关规定依法设立，主动接受水利工程质量监督机构对其质量体系的监督检查。 第十六条　项目法人（建设单位）应根据工程规模和工程特点，按照水利部有关规定，通过资质审查招标选择勘测设计、施工、监理单位并实行合同管理。在合同文件中，必须有工程质量条款，明确图纸、资料、工程、材料、设备等的质量标准及合同双方的质量责任。 第十七条　项目法人（建设单位）要加强工程质量管理，建立健全施工质量检查体系，根据工程特点建立质量管理机构和质量管理制度。 第十八条　项目法人（建设单位）在工程开工前，应按规定向水利工程质量监督机构办理工程质量监督手续。在工程施工过程中，应主动接受质量监督机构对工程质量的监督检查。 第十九条　项目法人（建设单位）应组织设计和施工单位进行设计交底；施工中应对工程质量进行检查，工程完工后，应及时组织有关单位进行工程质量验收、签证

续表

项目	内容
《建设工程质量管理条例（2019年修正）》	第七条　建设单位应当将工程发包给具有相应资质等级的单位。建设单位不得将建设工程肢解发包。 第八条　建设单位应当依法对工程建设项目的勘察、设计、施工、监理以及与工程建设有关的重要设备、材料等的采购进行招标。 第九条　建设单位必须向有关的勘察、设计、施工、工程监理等单位提供与建设工程有关的原始资料。原始资料必须真实、准确、齐全。 第十条　建设工程发包单位，不得迫使承包方以低于成本的价格竞标，不得任意压缩合理工期。建设单位不得明示或者暗示设计单位或者施工单位违反工程建设强制性标准，降低建设工程质量。 第十一条　施工图设计文件审查的具体办法，由国务院建设行政主管部门、国务院其他有关部门制定。施工图设计文件未经审查批准的，不得使用。 第十二条　实行监理的建设工程，建设单位应当委托具有相应资质等级的工程监理单位进行监理，也可以委托具有工程监理相应资质等级并与被监理工程的施工承包单位没有隶属关系或者其他利害关系的该工程的设计单位进行监理。下列建设工程必须实行监理：（1）国家重点建设工程；（2）大中型公用事业工程；（3）成片开发建设的住宅小区工程；（4）利用外国政府或者国际组织贷款、援助资金的工程；（5）国家规定必须实行监理的其他工程。 第十三条　建设单位在开工前，应当按照国家有关规定办理工程质量监督手续，工程质量监督手续可以与施工许可证或者开工报告合并办理。 第十四条　按照合同约定，由建设单位采购建筑材料、建筑构配件和设备的，建设单位应当保证建筑材料、建筑构配件和设备符合设计文件和合同要求。建设单位不得明示或者暗示施工单位使用不合格的建筑材料、建筑构配件和设备。 第十五条　涉及建筑主体和承重结构变动的装修工程，建设单位应当在施工前委托原设计单位或者具有相应资质等级的设计单位提出设计方案；没有设计方案的，不得施工。房屋建筑使用者在装修过程中，不得擅自变动房屋建筑主体和承重结构。 第十六条　建设单位收到建设工程竣工报告后，应当组织设计、施工、工程监理等有关单位进行竣工验收。建设工程竣工验收应当具备下列条件：（1）完成建设工程设计和合同约定的各项内容；（2）有完整的技术档案和施工管理资料；（3）有工程使用的主要建筑材料、建筑构配件和设备的进场试验报告；（4）有勘察、设计、施工、工程监理等单位分别签署的质量合格文件；（5）有施工单位签署的工程保修书。建设工程经验收合格的，方可交付使用。 第十七条　建设单位应当严格按照国家有关档案管理的规定，及时收集、整理建设项目各环节的文件资料，建立、健全建设项目档案，并在建设工程竣工验收后，及时向建设行政主管部门或者其他有关部门移交建设项目档案

2. 勘察、设计单位的质量责任

勘察、设计单位的质量责任，见表4-2。

勘察、设计单位的质量责任　　　　　　　　　　　　表4-2

项目	内容
《水利工程质量管理规定（2017年修正）》中设计单位的质量责任	第二十四条　设计单位必须按其资质等级及业务范围承担勘测设计任务，并应主动接受水利工程质量监督机构对其资质等级及质量体系的监督检查。 第二十五条　设计单位必须建立健全设计质量保证体系，加强设计过程质量控制，健全设计文件的审核、会签批准制度，做好设计文件的技术交底工作。 第二十六条　设计文件必须符合下列基本要求：（1）设计文件应符合国家、水利行业有关工程建设法规、工程勘测设计技术规程、标准和合同的要求。（2）设计依据的基本资料应完整、准确、可靠，设计论证充分，计算成果可靠。（3）设计文件的深度应满足相应设计阶段有关规定要求，设计质量必须满足工程质量、安全需要并符合设计规范的要求。 第二十七条　设计单位应按合同规定及时提供设计文件及施工图纸，在施工过程中要随时掌握

项目	内容
《水利工程质量管理规定（2017年修正）》中设计单位的质量责任	施工现场情况，优化设计，解决有关设计问题。对大中型工程，设计单位应按合同规定在施工现场设立设计代表机构或派驻设计代表。 第二十八条　设计单位应按水利部有关规定在阶段验收、单位工程验收和竣工验收中，对施工质量是否满足设计要求提出评价意见
《建设工程质量管理条例（2019年修正）》	第十八条　从事建设工程勘察、设计的单位应当依法取得相应等级的资质证书，并在其资质等级许可的范围内承揽工程。禁止勘察、设计单位超越其资质等级许可的范围或者以其他勘察、设计单位的名义承揽工程。禁止勘察、设计单位允许其他单位或者个人以本单位的名义承揽工程。勘察、设计单位不得转包或者违法分包所承揽的工程。 第十九条　勘察、设计单位必须按照工程建设强制性标准进行勘察、设计，并对其勘察、设计的质量负责。注册建筑师、注册结构工程师等注册执业人员应当在设计文件上签字，对设计文件负责。 第二十条　勘察单位提供的地质、测量、水文等勘察成果必须真实、准确。 第二十一条　设计单位应当根据勘察成果文件进行建设工程设计。设计文件应当符合国家规定的设计深度要求，注明工程合理使用年限。 第二十二条　设计单位在设计文件中选用的建筑材料、建筑构配件和设备，应当注明规格、型号、性能等技术指标，其质量要求必须符合国家规定的标准。除有特殊要求的建筑材料、专用设备、工艺生产线等外，设计单位不得指定生产厂、供应商。 第二十三条　设计单位应当就审查合格的施工图设计文件向施工单位作出详细说明。 第二十四条　设计单位应当参与建设工程质量事故分析，并对因设计造成的质量事故，提出相应的技术处理方案

3. 施工单位的质量责任

施工单位的质量责任，见表4-3。

施工单位的质量责任　　　　　　　　　　　　　表4-3

项目	内容
《水利工程质量管理规定（2017年修正）》	第二十九条　施工单位必须按其资质等级和业务范围承揽工程施工任务，接受水利工程质量监督机构对其资质和质量保证体系的监督检查。 第三十条　施工单位必须依据国家、水利行业有关工程建设法规、技术规程、技术标准的规定以及设计文件和施工合同的要求进行施工，并对其施工的工程质量负责。 第三十一条　施工单位不得将其承接的水利建设项目的主体工程进行转包。对工程的分包，分包单位必须具备相应资质等级，并对其分包工程的施工质量向总包单位负责，总包单位对全部工程质量向项目法人（建设单位）负责。工程分包必须经过项目法人（建设单位）的认可。 第三十二条　施工单位要推行全面质量管理，建立健全质量保证体系，制定和完善岗位质量规范、质量责任及考核办法，落实质量责任制。在施工过程中要加强质量检验工作，认真执行"三检制"，切实做好工程质量的全过程控制。 第三十三条　工程发生质量事故，施工单位必须按照有关规定向监理单位、项目法人（建设单位）及有关部门报告，并保护好现场，接受工程质量事故调查，认真进行事故处理。 第三十四条　竣工工程质量必须符合国家和水利行业现行的工程标准及设计文件要求，并应向项目法人（建设单位）提交完整的技术档案、试验成果及有关资料
《建设工程质量管理条例（2019年修正）》	第二十五条　施工单位应当依法取得相应等级的资质证书，并在其资质等级许可的范围内承揽工程。禁止施工单位超越本单位资质等级许可的业务范围或者以其他施工单位的名义承揽工程。禁止施工单位允许其他单位或者个人以本单位的名义承揽工程。施工单位不得转包或者违法分包工程。 第二十六条　施工单位对建设工程的施工质量负责。施工单位应当建立质量责任制，确定工程项目的项目经理、技术负责人和施工管理负责人。建设工程实行总承包的，总承包单位应当对全部建设工程质量

续表

项目	内容
《建设工程质量管理条例》（2019年修正）》	负责；建设工程勘察、设计、施工、设备采购的一项或者多项实行总承包的，总承包单位应当对其承包的建设工程或者采购的设备的质量负责。 第二十七条 总承包单位依法将建设工程分包给其他单位的，分包单位应当按照分包合同的约定对其分包工程的质量向总承包单位负责，总承包单位与分包单位对分包工程的质量承担连带责任。 第二十八条 施工单位必须按照工程设计图纸和施工技术标准施工，不得擅自修改工程设计，不得偷工减料。施工单位在施工过程中发现设计文件和图纸有差错的，应当及时提出意见和建议。 第二十九条 施工单位必须按照工程设计要求、施工技术标准和合同约定，对建筑材料、建筑构配件、设备和商品混凝土进行检验，检验应当有书面记录和专人签字；未经检验或者检验不合格的，不得使用。 第三十条 施工单位必须建立、健全施工质量的检验制度，严格工序管理，做好隐蔽工程的质量检查和记录。隐蔽工程在隐蔽前，施工单位应当通知建设单位和建设工程质量监督机构。 第三十一条 施工人员对涉及结构安全的试块、试件以及有关材料，应当在建设单位或者工程监理单位监督下现场取样，并送具有相应资质等级的质量检测单位进行检测。 第三十二条 施工单位对施工中出现质量问题的建设工程或者竣工验收不合格的建设工程，应当负责返修。 第三十三条 施工单位应当建立、健全教育培训制度，加强对职工的教育培训；未经教育培训或者考核不合格的人员，不得上岗作业

4. 监理单位的质量责任

监理单位的质量责任，见表4-4。

监理单位的质量责任 表4-4

项目	内容
《水利工程质量管理规定》（2017年修正）》	第二十条 监理单位必须持有水利部颁发的监理单位资格等级证书，依照核定的监理范围承担相应水利工程的监理任务。监理单位必须接受水利工程质量监督机构对其监理资格质量检查体系及质量监理工作的监督检查。 第二十一条 监理单位必须严格执行国家法律、水利行业法规、技术标准，严格履行监理合同。 第二十二条 监理单位根据所承担的监理任务向水利工程施工现场派出相应的监理机构，人员配备必须满足项目要求。监理工程师应当持证上岗。 第二十三条 监理单位应根据监理合同参与招标工作，从保证工程质量全面履行工程承建合同出发，签发施工图纸；审查施工单位的施工组织设计和技术措施；指导监督合同中有关质量标准、要求的实施；参加工程质量检查、工程质量事故调查处理和工程验收工作
《建设工程质量管理条例》（2019年修正）》	第三十四条 工程监理单位应当依法取得相应等级的资质证书，并在其资质等级许可的范围内承担工程监理业务。禁止工程监理单位超越本单位资质等级许可的范围或者以其他工程监理单位的名义承担工程监理业务。禁止工程监理单位允许其他单位或者个人以本单位的名义承担工程监理业务。工程监理单位不得转让工程监理业务。 第三十五条 工程监理单位与被监理工程的施工承包单位以及建筑材料、建筑构配件和设备供应单位有隶属关系或者其他利害关系的，不得承担该项建设工程的监理业务。 第三十六条 工程监理单位应当依照法律、法规以及有关技术标准、设计文件和建设工程承包合同，代表建设单位对施工质量实施监理，并对施工质量承担监理责任。 第三十七条 工程监理单位应当选派具备相应资格的总监理工程师和监理工程师进驻施工现场。未经监理工程师签字，建筑材料、建筑构配件和设备不得在工程上使用或者安装，施工单位不得进行下一道工序的施工。未经总监理工程师签字，建设单位不拨付工程款，不进行竣工验收。 第三十八条 监理工程师应当按照工程监理规范的要求，采取旁站、巡视和平行检验等形式，对建设工程实施监理

5．建筑材料和设备采购单位的质量责任

《水利工程质量管理规定（2017年修正）》规定：

第三十五条　建筑材料和工程设备的质量<u>由采购单位承担相应责任</u>。凡进入施工现场的建筑材料和工程设备均应按有关规定进行检验。<u>经检验不合格的产品不得用于工程</u>。

第三十六条　建筑材料和工程设备的采购单位具有按合同规定自主采购的权利，其他单位或个人不得干预。

第三十七条　<u>建筑材料或工程设备应</u>当符合下列要求：（1）有产品质量检验合格证明；（2）有中文标明的产品名称、生产厂名和厂址；（3）产品包装和商标式样符合国家有关规定和标准要求；（4）工程设备应有产品详细的使用说明书，电气设备还应附有线路图；（5）实施生产许可证或实行质量认证的产品，应当具有相应的许可证或认证证书。

第三十八条　水利工程<u>保修期从通过单项合同工程完工验收之日算起</u>，保修期限按法律法规和合同约定执行。工程质量出现永久性缺陷的，承担责任的期限不受以上保修期限制。

第三十九条　水利工程在规定的保修期内，<u>出现工程质量问题</u>，一般由<u>原施工单位承担保修</u>，所需费用由<u>责任方承担</u>。

6．其他规定

其他规定，见表4-5。

其他规定　　　　　　　　　　　　　　　　　　　　　　　　表4-5

项目	内容
建设工程质量保修	《建设工程质量管理条例（2019年修正）》规定： 第四十条　正常使用条件下，基础设施工程、房屋建筑的地基基础工程和主体结构工程的最低保修期限，为设计文件规定的该工程的合理使用年限。建设工程的保修期，自竣工验收合格之日起计算。 第四十二条　建设工程在超过合理使用年限后需要继续使用的，产权所有人应当<u>委托具有相应资质等级的勘察、设计单位鉴定</u>，并根据鉴定结果采取加固、维修等措施，重新界定使用期
签订合同	《民法典》第七百九十一条规定：发包人可与总承包人订立建设工程合同，也可以分别与勘察人、设计人、施工人订立勘察、设计、施工承包合同。发包人<u>不得将应当由一个承包人完成的建设工程肢解成若干部分发包给几个承包人</u>。 禁止承包人将工程分包给不具备相应资质条件的单位。<u>禁止分包单位将其承包的工程再分包</u>。建设工程主体结构的施工必须由承包人自行完成
保修责任	根据《建设工程质量管理条例（2019年修正）》释义：建设工程的承包人应当在该建设工程合理使用年限内对工程的质量承担责任，工程勘察、设计单位要在此期间对因工程勘察、设计原因而造成的质量问题负相应的责任，因此，可以说工程合理使用年限也就是勘察、设计单位的责任年限。根据年限合理安排使用，超出这个期限的工程原则上不能再继续使用，用户需继续使用的，应委托具有相应资质等级的勘察、设计单位鉴定，根据鉴定结果采取加固、维修等措施，重新界定合理使用期限。<u>如果用户不经鉴定而继续使用，因该建设工程造成的人身、财产损害的，原勘察、设计、施工等承包人不承担损害赔偿责任</u>

续表

项目	内容
施工准备的监理工作	《水利工程施工监理规范》SL 288—2014 规定： 3.2.3 为了建立规范、高效的现场监理工作秩序，使监理活动顺利开展，监理机构应根据工作实际需要制定相应的工作制度，通常包括：技术文件核查、审核和审批制度，原材料、中间产品和工程设备报验和验收制度，工程质量报验制度，工程计量付款签证制度，会议制度，紧急情况报告制度，工程建设标准强制性条文（水利工程部分）符合性审核制度，监理报告制度和工程验收制度等。 5.2.1 检查开工前发包人应提供的施工条件是否满足开工要求，应包括下列内容：(1) 首批开工项目施工图纸的提供。(2) 测量基准点的移交。(3) 施工用地的提供。(4) 施工合同约定应由发包人负责的道路、供电、供水、通信及其他条件和资源的提供情况。 5.2.4 施工图纸的核查与签发时，工程施工所需的施工图纸，应经监理机构核查并签发后，承包人方可用于施工。承包人无图纸施工或按照未经监理机构签发的施工图纸施工，监理机构有权责令其停工、返工或拆除，有权拒绝计量和签发付款证书。 5.2.2 条文说明 (1) 中主要管理人员、技术人员指项目经理、技术负责人、施工现场负责人，及造价、地质、测量、检测、安全、金结、机电设备、电气等人员。特种作业人员主要包括电工、电焊工、架子工、塔式起重机司机、塔式起重机司索工、塔式起重机信号工、爆破工等。 (2) 对承包人进场施工设备的检查应包括数量、规格、生产能力、完好率及设备配套的情况是否符合施工合同的要求，是否满足工程开工及随后施工的需要

【想对考生说】

该部分知识点中，工程参与各方质量责任可能会这样考查：

（1）背景资料中给出发生的质量事故，要求指出建设单位、监理单位、总承包单位和设备安装分包单位各自应承担的责任，并说明理由。

（2）背景资料中给出具体事件，要求判断建设单位在竣工验收阶段的不妥之处，并写出正确做法。

（3）背景资料中给出具体事件，要求就施工合同主体关系而言，事件中设备部件损坏的责任由谁承担，并说明理由。

（4）背景资料中给出具体事件，要求就具体事件发生的质量问题，分析判断建设单位、监理单位、施工总包单位和分包单位是否应承担责任，分别说明理由。

（5）背景资料中给出具体事件中发生的安全事故，分别指出建设单位、监理单位、施工单位是否有责任，说明理由。

（6）背景资料中给出具体事件，要求分析判断专业分包单位和施工单位提出的要求是否妥当，并说明理由。

【还会这样考】

某水利工程，建设单位委托监理单位承担施工阶段的监理任务，总承包单位按照施工合同约定选择了设备安装分包单位。在合同履行过程中发生如下事件：

事件1：专业监理工程师检查主体结构施工时，发现总承包单位在未向项目监理机构报审危险性较大的预制构件起重吊装专项方案的情况下已自行施工，且现场没有管理人员。于是，总监理工程师下达了《监理工程师通知单》。

事件 2：专业监理工程师在现场巡视时，发现设备安装分包单位违章作业，有可能导致发生重大质量事故。总监理工程师口头要求总承包单位暂停分包单位施工，但总承包单位未予执行。总监理工程师随即向总承包单位下达了《工程暂停令》，总承包单位在向设备安装分包单位转发《工程暂停令》前，发生了设备安装质量事故。

【问题】

1. 根据《建设工程安全生产管理条例》规定，事件 1 中起重吊装专项方案需经哪些人签字后方可实施？

2. 指出事件 1 中总监理工程师的做法是否妥当？说明理由。

3. 事件 2 中总监理工程师是否可以口头要求暂停施工？为什么？

4. 就事件 2 中所发生的质量事故，指出建设单位、监理单位、总承包单位和设备安装分包单位各自应承担的责任，说明理由。

【参考答案】

1. 根据《建设工程安全生产管理条例》规定，事件 1 中起重吊装专项方案须经总承包单位技术负责人、总监理工程师签字后方可实施。

2. 事件 1 中总监理工程师的做法不妥。

理由：承包单位起重吊装专项方案没有报审，现场没有专职安全生产管理人员，依据《建设工程安全生产管理条例》，总监理工程师应下达《工程暂停令》，并及时报告建设单位。

3. 事件 2 中总监理工程师可以口头要求暂停施工。

理由：紧急情况下，总监理工程师可以口头下达暂停施工指令，但在规定的时间内应书面确认。

4. 就事件 2 中所发生的质量事故，建设单位、监理单位、总承包单位和设备安装分包单位责任划分及理由是：

（1）建设单位没有责任。理由：因质量事故是由于分包单位违章作业造成的。

（2）监理单位没有责任。理由：因质量事故是由于分包单位违章作业造成的，且监理单位已按规定履行了职责。

（3）总承包单位承担连带责任。理由：工程分包不能解除总承包单位的任何质量责任和义务，总承包单位没有对分包单位的施工实施有效的监督管理。

（4）分包单位应承担主要责任。理由：因质量事故是由于其违章作业直接造成的。

【想对考生说】

本案例主要根据《建设工程安全生产管理条例》和《建设工程质量管理条例》来分析。

第二节 施工阶段质量控制

【考生必掌握】

1. 开工条件的控制

根据《水利工程施工监理规范》SL 288—2014规定：

6.1.1 合同工程开工应遵守下列规定：

（1）监理机构应经发包人同意后向承包人发出开工通知，开工通知中应载明开工日期。

（2）监理机构应协助发包人向承包人移交施工合同中约定的应由发包人提供的施工用地、道路、测量基准点以及供水、供电、通信等。

（3）承包人完成合同工程开工准备后，应向监理机构提交合同工程开工申请表。监理机构在检查各项条件满足开工要求后，应批复承包人的合同工程开工申请。

（4）由于承包人原因使工程未能按期开工，监理机构应通知承包人按施工合同约定提交书面报告，说明延误开工原因及赶工措施。

（5）由于发包人原因使工程未能按期开工，监理机构在收到承包人提出的顺延工期要求后，应及时与发包人和承包人共同协商补救办法。

6.1.1 条文说明 监理机构在施工合同约定的期限内或发包人认为具备条件后，经发包人同意，向承包人发出开工通知。承包人接到开工通知后，及时组织进场和施工准备，向监理机构提交合同工程开工申请。监理机构检查具备开工条件后，方可批复承包人的开工申请。

6.1.2 分部工程开工：分部工程开工前，承包人向监理机构报送分部工程开工申请表，经监理机构批准后方可开工。

6.1.3 单元工程开工：第一个单元工程应在分部工程开工批准后开工，后续单元工程凭监理工程师签证的上一单元工程施工质量合格文件后方可开工。

6.1.4 混凝土浇筑开仓：监理机构应对承包人报送的混凝土浇筑开仓报审表进行审批。符合开仓条件后，方可签发。

2. 质量控制的依据

包括：有关质量方面的法律、法规和部门规章；已批准的工程勘察（测）设计文件、施工图纸及相应的设计变更与修改文件；工程合同文件；合同中引用的国家和行业（或部颁）的现行施工操作技术规范、施工工艺规程及验收规范、评定规程；设备供应单位提供的设备安装说明书和有关技术标准；已批准的施工组织设计、施工技术措施及施工方案；合同中引用的有关原材料、半成品、构配件方面的质量依据。

3．施工阶段质量控制方法

（1）旁站监理

《水利工程施工监理规范》SL 288—2014 中 4.2.3 条文说明规定，需要旁站监理的工程重要部位和关键工序一般包括下列内容，监理机构可视工程具体情况从中选择或增加：【2020 年案例三第 3 问，以分析判断题的形式进行了考核】

①土石方填筑工所含单元工程的质量全部合格石料、反滤料和垫层料压实工序。

②普通混凝土工程、碾压混凝土工程、混凝土面板工程、防渗墙工程、钻孔灌注桩工程等的混凝土浇筑工序。

③沥青混凝土心墙工程的沥青混凝土铺筑工序。

④预应力混凝土工程的混凝土浇筑工序、预应力筋张拉工序。

⑤混凝土预制构件安装工程的吊装工序。

⑥混凝土坝坝体接缝灌浆工程的灌浆工序。

⑦安全监测仪器设备安装埋设工程的监测仪器安装埋设工序，观测孔（井）工程的率定工序。

⑧地基处理、地下工程和孔道灌浆工程的灌浆工序。

⑨锚喷支护和预应力锚索加固工程的锚杆工序、锚索张拉锁定工序。

⑩堤防工程堤基清理工程的基面平整压实工序，填筑施工的所有碾压工序，防冲体护脚工程的防冲体抛投工序，沉排护脚工程的沉排铺设工序。

⑪金属结构安装工程的压力钢管安装、闸门体安装等工程的焊接检验。

⑫启闭机安装工程的试运行调试。

⑬水轮机和水泵安装工程的导水机构、轴承、传动部件安装。

监理机构在监理工作过程中可结合批准的施工措施计划和质量控制要求，通过编制或修订监理实施细则，具体明确或调整需要旁站监理的工程部位和工序。

（2）巡视检查

对所监理的工程项目进行的定期或不定期的监督与检查。包括：检查原材料、检查施工人员、检查施工环境。

（3）检测

检测包括跟踪检测、平行检测，其具体规定，见表4-6。

跟踪检测、平行检测具体规定　　　　　　　　　　　　表 4-6

项目	内容
跟踪检测 【2020 年案例一第 4 问，以分析判断题的形式进行了考查】	《水利工程施工监理规范》SL 288—2014 中第 6.2.13 条规定，跟踪检测应符合下列规定： （1）实际跟踪检测的监理人员应监督承包人的取样、送样以及试样的标记和记录，并与承包人送样人员共同在送样记录上签字。 （2）跟踪检测的项目和数量（比例）应在监理合同中约定。其中，混凝土试样应不少于承包人检测数量的 7%；土方试样不少于承包人检测数量的 10%。施工过程中，监理机构可根据工程质量控制工作需要和工程质量状况等确定跟踪检测的频次分布，但应对所有见证取样进行跟踪

续表

项目	内容
平行检测 【2020年案例一第3问，以分析判断题的形式进行了考查】	《水利工程施工监理规范》SL 288—2014规定： 4.2.6条文说明　平行检测是由监理机构组织实施的与承包人测量、试验等质量检测结果的对比性检测。 （1）工程需要进行的专项检测试验，监理机构不进行平行检测。 （2）单元工程（工序）施工质量检验可能对工程实体造成结构性破坏的，监理机构不做平行检测，但对承包人的工艺试验进行平行检测。 6.2.14平行检测应符合下列规定： （1）需要通过实验室进行检测的项目，监理机构应按照监理合同约定通知发包人委托或认可的具有相应资质的工程质量检测机构进行检测试验。 （2）平行检测的项目和数量（比例）应在监理合同中约定。其中，混凝土试样应不少于承包人检测数量的3%，重要部位每种强度等级的混凝土至少取样1组；土方试样不少于承包人检测数量的5%，重要部位至少取样3组。施工过程中，监理机构可根据工程质量控制工作需要和工程质量状况等确定平行检测的频次分布。根据施工质量情况需要增加平行检测项目、数量时，监理机构可向发包人提出建议，经发包人同意增加的平行检测费用由发包人承担。 （3）当平行检测试验结果与承包人的自检实验结果不一致时，监理机构应组织承包人及有关各方进行原因分析，提出处理意见。 6.2.14条文说明　由于受随机因素的影响，平行检测结果与承包人的自检结果存在偏差是必然的。平行检测试验结果与承包人的自检试验不一致要区分正常误差和系统偏差。发现系统偏差，需要分析原因并采取措施。若原材料平行检测试验结果不合格，承包人要双倍取样，如仍不合格，则该批次原材料定为不合格，不得使用；若不合格原材料已用于工程实体，监理机构需要求承包人进行工程实体检测，必要时可提请发包人组织设代机构等有关单位和人员对工程实体质量进行鉴定

（4）现场记录和文件发布。

（5）协调

协调工作的方式包括沟通、会议协商，以及施工合同双方发生合同条款理解歧义时解释合同条款等。

4.《水利工程施工监理规范》SL 288—2014中工程质量控制规定（重点内容）

《水利工程施工监理规范》SL 288—2014中工程质量控制规定，见表4-7。

《水利工程施工监理规范》SL 288—2014中工程质量控制规定　　　　表4-7

项目	内容
承包人检查	《水利工程施工监理规范》SL 288—2014中第6.2.5条规定，监理机构应检查承包人的现场组织机构、主要管理人员、技术人员及特种作业人员是否符合要求，对无证上岗、不称职或违章、违规人员，可要求承包人暂停或禁止其在本工程中工作
原材料、中间产品和工程设备的检验和验收	《水利工程施工监理规范》SL 288—2014中第6.2.6条规定，原材料、中间产品和工程设备的检验和验收应符合下列规定： （1）经监理机构核验合格并在进场报验单签字确认后，原材料和中间产品方可用于工程施工。原材料和中间产品的进场报验单不符合要求的，承包人应进行复查，并重新上报。 （2）原材料和中间产品的检验工作内容应符合以下规定： ①对承包人或发包人采购的原材料和中间产品，承包人应按供货合同的要求查验质量证明文件，并进行合格性检测。若承包人认为发包人采购的原材料和中间产品质量不合格，应向监理机构提供能够证明不合格的检测资料。 ②对承包人生产的中间产品，承包人应按施工合同约定和有关规定进行合格性检测。

续表

项目	内容
原材料、中间产品和工程设备的检验和验收	（3）监理机构发现承包人未按施工合同约定和有关规定对原材料、中间产品进行检测，应及时指示承包人补做检测；若承包人未按监理机构的指示补做检测，监理机构可委托其他有资质的检测机构进行检测，承包人应为此提供一切方便并承担相应费用。 （4）监理机构发现承包人在工程中使用不合格的原材料、中间产品时，应及时发出指示禁止承包人继续使用，监督承包人标示、处置并登记不合格原材料、中间产品。对已经使用不合格原材料、中间产品的工程实体，监理机构应提请发包人组织参建单位及有关专家进行论证，提出处理意见
现场工艺试验	《水利工程施工监理规范》SL 288—2014 中第 6.2.9 条规定，现场工艺试验应符合下列规定： （1）监理机构应审批承包人提交的现场工艺试验方案，并监督其实施。 （2）现场工艺试验完成后，监理机构应确认承包人提交的现场工艺试验成果
施工过程质量控制【2020 年案例三第 2 问，以分析判断题的形式进行了考查】	《水利工程施工监理规范》SL 288—2014 中第 6.2.10 条规定，施工过程质量控制应符合下列规定： （1）监理机构应加强重要隐蔽单位和关键部位单元工程的质量控制，注重对易引起渗漏、冻融、冻蚀、冲刷、气蚀等部位的质量控制。 （2）单元工程（工序）的质量评定未经监理机构复核或复核不合格，承包人不得开始下一单元工程（工序）的施工。 （3）需要进行地质编录的工程隐蔽部位，承包人应报请设代机构进行地质编录，并及时告知监理机构

5. 施工实施阶段影响因素的质量控制

影响工程质量的因素有五大方面，即"人、材料、机械、方法、环境"。

【考生这样记】

人材机法环。

6. 工艺试验及工序的质量控制

水利工程常见的工艺试验有：钢筋连接工艺试验、土方碾压工艺试验、深层搅拌桩工艺试验、锚杆施工工艺试验、钻孔灌注桩工艺试验、混凝土碾压工艺试验、土工膜焊接工艺试验等。

7. 考试中可能涉及的其他内容及规定

（1）根据《水利工程施工监理规范》SL 288—2014 中第 5.2.2 条的条文说明，审批施工组织设计等技术方案的工作程序及基本要求主要包括：

①承包人编制及报审：承包人要及时完成技术方案的编制及自审工作，并填写技术方案申报表，报送监理机构。

②监理机构审核：总监理工程师应在约定时间内，组织监理工程师审查，提出审查意见后，由总监理工程师审定批准。需要承包人修改时，由总监理工程师签发书面意见，退回承包人修改后再报审，总监理工程师要组织重新审定，审批意见由总监理工程师（施工措施计划可授权副总监理工程师或监理工程师）签发。必要时与发包人协商，组织有关专家会审。

③承包人按批准的技术方案组织施工，实施期间如需变更，需重新报批。

（2）根据《水利工程施工监理规范》SL 288—2014 中 3.3.5 第 7 款条文说明，专项检测试验一般包括：地基及复合地基承载力静载检测、桩的承载力检测、桩的抗拔检测、桩身完整性检测、金属结构设备及机电设备检测、电气设备检测、安全监测设备检测、锚杆锁定力检测、管道工程压水试验、过水建筑物充水试验、预应力锚具检测、预应力锚索与管壁的摩擦系数检测等。

（3）《水利水电工程施工质量检验与评定规程》SL 176—2007 中第 4.1.11 条规定，对涉及工程结构安全的试块、试件及有关材料，应实行见证取样。见证取样资料由施工单位制备，记录应真实齐全，参与见证取样人员应在相关文件上签字。

（4）《水利工程建设安全生产管理规定（2019 年修正）》第二十三条规定，施工单位应当在施工组织设计中编制安全技术措施和施工现场临时用电方案，对下列达到一定规模的危险性较大的工程应当编制专项施工方案，并附具安全验算结果，经施工单位技术负责人签字以及总监理工程师核签后实施，由专职安全生产管理人员进行现场监督：①基坑支护与降水工程；②土方和石方开挖工程；③模板工程；④起重吊装工程；⑤脚手架工程；⑥拆除、爆破工程；⑦围堰工程；⑧其他危险性较大的工程。对前款所列工程中涉及高边坡、深基坑、地下暗挖工程、高大模板工程的专项施工方案，施工单位还应当组织专家进行论证、审查。

（5）开工报审表的主要内容【2020 年案例六第 2 问】

开工报审表应详细说明按施工进度计划正常施工所需的施工道路、临时设施、材料、工程设备、施工设备、施工人员等落实情况以及工程的进度安排。

【想对考生说】

　　上述内容涉及的法规主要是《水利工程施工监理规范》SL 288—2014 的内容，考生要将该法规的内容掌握。其中，工程质量控制的内容在 2020 年案例分析考试中以分析判断题的形式进行了考查，考生要将其内容重点掌握。考查分析判断类型题目的可能性较大，考生进行分析判断时，一定要根据题目的要求去答题，切勿多答、少答、漏答。

【历年这样考】

【2023 年真题】

某调水工程，原建设内容包括河道土方开挖、边坡防护，新建节制闸及管护道路等，某监理单位承担了该标段监理工作，并在现场组建了监理机构，工程施工过程中发生如下事件：

事件 3：根据施工合同约定，承包人委托资质符合要求的检测单位在工地现场建立了自检试验室，总监理工程师认为该检测单位资质符合要求，故在自检试验室进行监理平行检测试验。

【问题】

事件 3 中，总监理工程师的做法是否正确？说明理由。

【参考答案】

不正确。平行检测过程中需要通过试验室试验检测的项目，由发包人委托或认可的具有相应资质的工程质量检测机构进行检测。

> **【想对考生说】**
>
> 《水利工程施工监理规范》SL 288—2014 中第 6.2.14 条规定，平行检测应符合下列规定：
>
> （1）监理机构可采用现场测量手段进行平行检测。
>
> （2）需要通过试验室进行检测的项目，监理机构应按照监理合同约定通知发包人委托或认可的具有相应资质的工程质量检测机构进行检测试验。

【2020 年真题】

某监理单位承担了一项大型水利枢纽工程施工监理任务，进驻现场后，依据《水利工程施工监理规范》SL 288—2014 及相关要求编制了监理规划。监理合同约定，本工程混凝土及土方试样的平行检测、跟踪检测数量应符合《水利工程施工监理规范》SL 288—2014 要求。监理过程中发生如下事件：

事件 1：甲监理工程师提出监理实施细则应抄送承包人。乙监理工程师表示，监理实施细则为监理自身工作的依据，不需要抄送承包人。

事件 2：监理规划明确混凝土单元工程施工质量验收评定应具备下列条件：

（1）单元工程所含工序（或所有施工项目）已完成，现场具备验收条件；

（2）已完工序施工质量经验收评定全部合格，有关缺陷已按要求处理完毕；

（3）代表单元工程的混凝土试块 28 天龄期抗压强度符合设计要求。

事件 3：监理规划确定了监理平行检测的数量要求：

（1）混凝土试样应不少于承包人检测数量的 1%，重要部位最低强度等级混凝土至少取样 1 组；

（2）土方试样应不少于承包人检测数量的 2%，重要部位至少取样 1 组。

事件 4：监理规划确定了监理跟踪检测的数量要求：

（1）混凝土试样应不少于承包人检测数量的 7%；

（2）土方试样应不少于承包人检测数量的 9%。

【问题】

1. 事件 1 中甲、乙监理工程师谁的说法正确？说明理由。

2. 指出事件 2 中混凝土单元工程施工质量验收评定条件的不妥之处，并说明理由。

3. 指出并改正事件 3 平行检测数量要求中的不妥之处。

4. 指出并改正事件 4 跟踪检测数量要求中的不妥之处。

【参考答案】

1. 乙监理工程师的做法正确。

理由：监理实施细则是指导监理工程师工作的文件，无须发送给承包人。

2. 不妥之处："混凝土单元工程施工质量验收评定应具备的条件包括了（3）代表单元工程的混凝土试块 28 天龄期抗压强度符合设计要求。"

理由：《水利水电工程单元工程施工质量验收评定标准—混凝土工程》SL 632—2012 第 3.3.1 条规定，单元工程施工质量验收评定应具备下列条件：

（1）单元工程所含工序（或所有施工项目）已完成，施工现场具备验收的条件。

（2）已完工序施工质量验收评定全部合格，有关质量缺陷已全部处理完毕或有监理单位批准的处理意见。

3.（1）不妥之处一："混凝土试样应不少于承包人检测数量的 1%，重要部位最低强度等级混凝土至少取样 1 组。"

改正：混凝土试样应不少于承包人检测数量的 3%，重要部位每种强度等级的混凝土至少取样 1 组。

（2）不妥之处二："土方试样应不少于承包人检测数量的 2%，重要部位至少取样 1 组。"

改正：土方试样应不少于承包人检测数量的 5%，重要部位至少取样 3 组。

4. 不妥之处："土方试样应不少于承包人检测数量的 9%。"

改正：土方试样应不少于承包人检测数量的 10%。

【想对考生说】

1. 本案例问题 1 考核了监理实施细则。监理实施细则是在监理规划指导下，在落实了各专业监理责任后，由专业监理工程师针对项目的具体情况制定的更具实施性和可操作性的业务文件。它起着具体指导监理实施工作的作用。

在施工措施计划批准后、专业工程（或作业交叉特别复杂的专项工程）施工前或专业工作开始前，负责相应工作的监理工程师应组织相关专业监理人员编制监理实施细则，并报总监理工程师批准。

本题属于分析判断类型的题目，应在分析判断的同时还要求说明理由，考生要根据题目要求进行答题。

2. 本案例问题 2 考核了混凝土单元工程施工质量验收评定。《水利水电工程单元工程施工质量验收评定标准—混凝土工程》SL 632—2012 第 3.3.1 条规定，单元工程施工质量验收评定应具备下列条件：（1）单元工程所含工序（或所有施工项目）已完成，施工现场具备验收的条件。（2）已完工序施工质量验收评定全部合格，有关质量缺陷已全部处理完毕或有监理单位批准的处理意见。本题属于分析判断类型的题目，应逐条分析判断的同时还要说明理由。

3. 本案例问题 3 考核了工程质量控制中的平行检测。《水利工程施工监理规范》SL 288—2014 中第 6.2.14 条规定，平行检测的项目和数量（比例）应在监理合同中约定。其中，混凝土试样应不少于承包人检测数量的 3%，重要部位每种强度等级的混凝土至少取样 1 组；土方试样应不少于承包人检测数量的 5%，重要部位至少取样 3 组。施工过程中，监理机构可根据工程质量控制工作需要和工程质量状况等确定平行检测的频次分布。根据施工质量情况需要增加平行检测项目、数量时，监理机构可向发包人提出建议，经发包人同意增加的平行检测费用由发包人承担。

本题属于分析判断类型的题目，应分析判断的同时要进行改正。

4．本案例问题 4 考核了工程质量控制中的跟踪检测。《水利工程施工监理规范》SL 288—2014 中第 6.2.13 条规定，跟踪检测应符合下列规定：

（1）实施跟踪检测的监理人员应监督承包人的取样、送样以及试样的标记和记录，并与承包人送样人员共同在送样记录上签字。发现承包人在取样方法、取样代表性、试样包装或送样过程中存在错误时，应及时要求予以改正。

（2）跟踪检测的项目和数量（比例）应在监理合同中约定。其中，混凝土试样应不少于承包人检测数量的 7%，土方试样应不少于承包人检测数量的 10%。施工过程中，监理机构可根据工程质量控制工作需要和工程质量状况等确定跟踪检测的频次分布，但应对所有见证取样进行跟踪。

本题属于分析判断类型的题目，应分析判断的同时要进行改正。

【还会这样考】

某泵站枢纽工程，建设内容包括渠道工程、进水工程、泵房、出水工程、金属结构及机电设备工程等。主要工程量土方开挖 10 万 m³，土方回填 15 万 m³，混凝土 2 万 m³。发包人与承包人按照《水利水电工程标准施工招标文件（2009 年版）》签订了施工委托合同；发包人与监理人签订了监理委托合同。施工过程中发生如下事件：

事件 1：渠道工程堤防回填设计压实度为 95%，原设计采用开挖料回填。开工后，由于开挖料不满足回填标准要求，承包人另外选择了 A 料场作为回填料源。

事件 2：按照土方回填质量检验标准，每层 100 ~ 150m³ 取样 1 个。

事件 3：由于距离市区较近，采用商品混凝土。商品混凝土进场后，承包人认为商品混凝土出厂时已经进行出厂合格检验，因此承包人不应再进行检测。

事件 4：承包人完成地基承载力试验后，发包人要求监理人对地基承载力试验进行平行检测。

【问题】

1．对事件 1，你认为承包人改变料源后需要做哪些工作？

2．对事件 2，你认为监理人土方回填的平行检测至少取样多少个？说明理由。

3．对事件 3，请指出不妥之处，并说明理由。

4．对事件 4，请指出不妥之处，并说明理由。

【参考答案】

1．对事件 1，承包人改变料源后需要做下列工作：

（1）对料源进行检测；

（2）编制工艺试验方案及进行工艺试验；

（3）根据工艺试验结果编制土方回填施工措施计划。

2．根据《水利工程施工监理规范》SL 288—2014，每层按 150m³ 取样 1 个计算，至少取 50 个试样。

3．事件 3：

不妥之处：承包人对商品混凝土不进行试验。

理由：采购的中间产品必须要进行试验并合格，方可用于工程。

4．事件 4：

不妥之处：发包人要求监理人对地基承载力进行平行检测。

理由：根据《水利工程施工监理规范》SL 288—2014，地基承载力试验监理人不进行平行检测。

【想对考生说】

本案例主要考核《水利工程施工监理规范》SL 288—2014 土方填筑工艺试验、原材料控制程序、平行检测数量及平行检测类型方面的知识。问题 1 解题根据是《水利工程施工监理规范》SL 288—2014 中第 6.2.9 条规定。问题 2 解题根据是《水利工程施工监理规范》SL 288—2014 中第 6.2.14 条规定。问题 3 解题根据是《水利工程施工监理规范》SL 288—2014 中第 6.2.6 条规定。问题 4 解题根据是《水利工程施工监理规范》SL 288—2014 中 4.2.6 条文说明。

第三节　专业工程施工质量控制要点

【想对考生说】

对于本节的内容，考生可依据以下 7 个标准来学习，学习标准中关于监理人如何控制工程质量的内容：

（1）《水利水电工程单元工程施工质量验收评定标准　土石方工程》SL 631—2012

（2）《水利水电工程单元工程施工质量验收评定标准　混凝土工程》SL 632—2012

（3）《水利水电工程单元工程施工质量验收评定标准　地基处理与基础工程》SL 633—2012

（4）《水利水电工程单元工程施工质量验收评定标准　堤防工程》SL 634—2012

（5）《水利水电工程单元工程施工质量验收评定标准　水工金属结构安装工程》SL 635—2012

（6）《水利水电工程单元工程施工质量验收评定标准　水轮发电机组安装工程》SL 636—2012

（7）《水利水电工程单元工程施工质量验收评定标准　水力机械辅助设备系统安装工程》SL 637—2012

第四节　施工质量检验、评定与验收

一、工程质量检验、评定

【考生必掌握】

1. 水利水电工程项目划分

水利水电工程项目划分，见表4-8。

水利水电工程项目划分　　　　　　　　　　　　　　　　表 4-8

《水利水电工程施工质量检验与评定规程》SL 176—2007	
项目名称	3.1.1 水电工程质量检验与评定应进行项目划分。项目按级划分为单位工程、分部工程、单元（工序）工程等三级。 单位工程：具有独立发挥作用或独立施工条件的建筑物。 分部工程：在一个建筑物内能组合发挥一种功能的建筑安装工程。 单元工程：在分部工程中由几个工序（或工种）施工完成的最小综合体，是日常质量考核的基本单位
分部工程项目的划分	3.2.3 分部工程项目的划分应按下列原则确定： （1）枢纽工程，土建部分按设计的主要组成部分划分；金属结构及启闭机安装工程和机电设备安装工程按组合功能划分。 （2）堤防工程，按长度或功能划分。 （3）引水（渠道）工程中的河（渠）道按施工部署或长度划分。大、中型建筑物按工程结构主要组成部分划分。 （4）除险加固工程，按加固内容或部位划分。 （5）同一单位工程中，各个分部工程的工程量（或投资）不宜相差太大，每个单位工程中的分部工程数目，不宜少于5个

续表

《水利水电工程施工质量检验与评定规程》SL 176—2007	
项目划分程序	3.3.1 由项目法人组织监理、设计及施工等单位进行工程项目划分，并确定<u>主要单位工程、主要分部工程、重要隐蔽单元工程和关键部位单元工程</u>。项目法人在主体工程开工前将项目划分表及说明书面报相应工程质量监督机构确认。 3.3.2 工程质量监督机构收到项目划分书面报告后，应在 <u>14 个工作日内</u>对项目划分进行确认并将确认结果书面通知项目法人。 3.3.3 工程实施过程中，需对单位工程、主要分部工程、重要隐蔽单元工程和关键部位单元工程的项目划分进行调整时，<u>项目法人应重新报送工程质量监督机构确认</u>

2. 水利水电工程施工质量检验

水利水电工程施工质量检验，见表 4-9。

水利水电工程施工质量检验　　　　表 4-9

《水利水电工程施工质量检验与评定规程》SL 176—2007	
基本规定	4.1.3 <u>检测人员</u>应熟悉检测业务，了解被检测对象性质和所用仪器设备性能，经考核合格后，<u>持证上岗</u>。参与中间产品及混凝土（砂浆）试件质量资料复核的人员应具有<u>工程师以上工程系列技术职称</u>，并从事过相关试验工作。 4.1.7 工程项目中如遇《单元工程评定标准》中尚未涉及的项目质量评定标准时，其质量标准及评定表格，由项目法人组织监理、设计及施工单位按水利部有关规定进行编制和报批。 4.1.7 条文说明 单元工程的质量评定标准和表格，地方项目须经省级水行政主管部门或其委托的工程质量监督机构批准。 4.1.12 工程中出现检验不合格的项目时，按以下规定进行处理： （1）原材料、中间产品一次抽样检验不合格时，应及时对同一取样批次另取两倍数量进行检验，如仍不合格，则该批次原材料或中间产品应定为不合格，不得使用。 （2）单元（工序）工程质量不合格时，应按合同要求进行<u>处理或返工重作</u>，并经重新检验且合格后方可进行后续工程施工。 （3）混凝土（砂浆）试件抽样检验不合格时，应委托具有相应资质等级的<u>质量检测单位</u>对相应工程部位进行<u>检验</u>。如仍不合格，由项目法人组织有关单位进行研究，并提出处理意见。 （4）工程完工后的质量抽检不合格，或其他检验不合格的工程，应按有关规定进行处理，<u>合格后才能进行验收或后续工程施工</u>
质量检验职责范围	4.2.2 临时工程质量检验及评定标准，由项目法人组织监理、设计及施工等单位根据工程特点，参照《单元工程评定标准》和其他相关标准确定，并报相应的工程质量监督机构核备
质量检验内容	4.3.7 单位工程完工后，项目法人组织监理、设计、施工及工程运行管理等单位组成工程外观质量评定组，现场进行工程外观质量检验评定，并将评定结论报工程质量监督机构核定。参加工程外观质量评定的人员应具有工程师以上技术职称或相应执业资格。评定组人数应不少于 5 人，<u>大型工程不宜少于 7 人</u>
质量事故分类	4.4.1 条文说明　质量事故分类按照《水利工程质量事故处理暂行规定》，标准见表 4-10。

续表

《水利水电工程施工质量检验与评定规程》SL 176—2007					

水利工程质量事故分类标准   表 4-10

			事故类别			
	损失情况		特大质量事故	重大质量事故	较大质量事故	一般质量事故
质量事故分类	事故处理所需的物质、器材和设备、人工等直接损失费用（人民币万元）	大体积混凝土，金属结构制作和机电安装工程	> 3000	> 500，≤ 3000	> 100，≤ 500	> 20，≤ 100
		土石方工程，混凝土薄壁工程	> 1000	> 100，≤ 1000	> 30，≤ 100	> 10，≤ 30
	事故处理所需合理工期（月）		> 6	> 3，≤ 6	> 1，≤ 3	≤ 1
	事故处理后对工程功能和寿命的影响		影响工程正常使用，需限制条件运行	不影响正常使用，但对工程寿命有较大影响	不影响正常使用，但对工程寿命有一定影响	不影响正常使用和工程寿命
质量事故检查和质量缺陷备案	4.4.3 在施工过程中，因特殊原因使得工程个别部位或局部发生达不到技术标准和设计要求（但不影响使用），且未能及时进行处理的工程质量缺陷问题（质量评定仍定为合格），应以工程质量缺陷备案形式进行记录备案。 4.4.4 质量缺陷备案表由监理单位组织填写，内容应真实、准确、完整。各工程参建单位代表应在质量缺陷备案表上签字，若有不同意见应明确记载。质量缺陷备案表应及时报工程质量监督机构备案。工程竣工验收时，项目法人应向竣工验收委员会汇报并提交历次质量缺陷备案资料。 4.4.5 工程质量事故处理后，由项目法人委托具有相应资质等级的工程质量检测单位检测后，按照处理方案确定的质量标准，重新进行工程质量评定					
"三不放过"原则	4.4.2 "三不放过"原则，是指事故原因不查清不放过，主要事故责任者和职工未受到教育不放过，补救和防范措施不落实不放过。 　质量事故的调查应按照管理权限组织调查组进行调查，查明事故原因，提出处理意见，提交事故调查报告。 　（1）一般质量事故由项目法人组织设计、施工、监理等单位进行调查，调查结果报项目主管部门核备。 　（2）较大质量事故由项目主管部门组织调查组进行调查，调查结果报上级主管部门批准并报省级水行政主管部门核备。 　（3）重大质量事故由省级以上水行政主管部门组织调查组进行调查，调查结果报水利部核备。 　（4）特大质量事故由水利部组织调查。 　质量事故的处理按以下规定执行： 　（1）一般质量事故，由项目法人负责组织有关单位制定处理方案并实施，报上级主管部门备案。 　（2）较大质量事故，由项目法人负责组织有关单位制定处理方案，经上级主管部门审定后实施，报省级水行政主管部门或流域机构备案 　（3）重大质量事故，由项目法人负责组织有关单位提出处理方案，征得事故调查组意见后，报省级水行政主管部门或流域机构审定后实施。 　（4）特大质量事故，由项目法人负责组织有关单位提出处理方案，征得事故调查组意见后，报省级水行政主管部门或流域机构审定后实施，并报水利部备案。事故处理需要进行设计变更的，需原设计单位或有资质的单位提出设计变更方案。需要进行重大设计变更的，必须经原设计审批部门审定后实施					

3．水利水电工程施工质量评定

扫码学习

水利水电工程施工质量评定，见表 4-11。

水利水电工程施工质量评定　　　　　　　　表 4-11

	《水利水电工程施工质量检验与评定规程》SL 176—2007
单元（工序）质量不合格处理	5.1.2 单元（工序）工程施工质量合格标准应按照《单元工程评定标准》或合同约定的合格标准执行。当达不到合格标准时，应及时处理。处理后的质量等级按下列规定重新确定： （1）全部返工重做的，可重新评定质量等级。 （2）经加固补强并经设计和监理单位鉴定能达到设计要求时，其质量评为合格。 （3）处理后的工程部分质量指标仍达不到设计要求时，经设计复核，项目法人及监理单位确认能满足安全和使用功能要求，可不再进行处理；或经加固补强后，改变了外形尺寸或造成工程永久性缺陷的，经项目法人、监理及设计单位确认能基本满足设计要求，其质量可定为合格，但应按规定进行质量缺陷备案
分部工程施工质量评为合格标准	5.1.3 分部工程施工质量同时满足下列标准时，其质量评为合格： （1）所含单元工程的质量全部合格。质量事故及质量缺陷已按要求处理，并经检验合格。 （2）原材料、中间产品及混凝土（砂浆）试件质量全部合格，金属结构及启闭机制造质量合格，机电产品质量合格
单位工程施工质量评为合格标准	5.1.4 单位工程施工质量同时满足下列标准时，其质量评为合格： （1）所含分部工程质量全部合格。 （2）质量事故已按要求进行处理。 （3）工程外观质量得分率达到 70% 以上。 （4）单位工程施工质量检验与评定资料基本齐全。 （5）工程施工期及试运行期，单位工程观测资料分析结果符合国家和行业技术标准以及合同约定的标准要求
分部工程施工质量评为优良标准	5.2.3 分部工程施工质量同时满足下列标准时，其质量评为优良： （1）所含单元工程质量全部合格，其中 70% 以上达到优良等级，重要隐蔽单元工程和关键部位单元工程质量优良率达 90% 以上，且未发生过质量事故。 （2）中间产品质量全部合格，混凝土（砂浆）试件质量达到优良等级（当试件组数小于 30 时，试件质量合格）。原材料质量、金属结构及启闭机制造质量合格，机电产品质量合格
单位工程施工质量评为优良标准 【2020 年案例三第 5 问进行了考查】	5.2.4 单位工程施工质量同时满足下列标准时，其质量评为优良： （1）所含分部工程质量全部合格，其中 70% 以上达到优良等级，主要分部工程质量全部优良，且施工中未发生过较大质量事故。 （2）质量事故已按要求进行处理。 （3）外观质量得分率达到 85% 以上。 （4）单位工程施工质量检验与评定资料齐全。 （5）工程施工期及试运行期，单位工程观测资料分析结果符合国家和行业技术标准以及合同约定的标准要求

续表

《水利水电工程施工质量检验与评定规程》SL 176—2007	
工程项目施工质量评为优良标准	5.2.5 工程项目施工质量同时满足下列标准时，其质量评为优良： （1）单位工程质量全部合格，其中 70% 以上单位工程质量达到优良等级，且主要单位工程质量全部优良。 （2）工程施工期及试运行期，各单位工程观测资料分析结果均符合国家和行业技术标准以及合同约定的标准要求

4. 水利水电工程施工质量评定工作的组织与管理

扫码学习

《水利水电工程施工质量检验与评定规程》SL 176—2007 规定：

5.3.1 单元（工序）工程质量在施工单位自评合格后，报监理单位复核，由监理工程师核定质量等级并签证认可。

5.3.2 重要隐蔽单元工程及关键部位单元工程质量经施工单位自评合格、监理单位抽检后，由项目法人（或委托监理）、监理、设计、施工、工程运行管理（施工阶段已经有时）等单位组成联合小组，共同检查核定其质量等级并填写签证表，报工程质量监督机构核备。

5.3.3 分部工程质量，在施工单位自评合格后，报监理单位复核，项目法人认定。分部工程验收的质量结论由项目法人报工程质量监督机构核备。大型枢纽工程主要建筑物的分部工程验收的质量结论由项目法人报工程质量监督机构核定。

5.3.4 单位工程质量，在施工单位自评合格后，由监理单位复核，项目法人认定。单位工程验收的质量结论由项目法人报工程质量监督机构核定。

5.3.5 工程项目质量，在单位工程质量评定合格后，由监理单位进行统计并评定工程项目质量等级，经项目法人认定后，报工程质量监督机构核定。

5. 检查承包人检测条件

根据《水利工程施工监理规范》SL 288—2014 条文说明：检查承包人检测条件是否符合合同及有关规定，主要包括：

（1）检测机构的资质等级和试验范围的证明文件。

（2）法定计量部门对检测仪器、仪表和设备的计量检定证书、设备率定证明文件。

（3）检测人员的资格证书。

（4）检测仪器的数量及种类。

6．单元工程施工质量验收评定

《水利水电工程单元工程施工质量验收评定标准—混凝土工程》SL 632—2012 规定：

3.3.1 单元工程施工质量验收评定应具备下列条件：【2020 年案例一第 2 问考查了该知识点】

（1）单元工程所含工序（或所有施工项目）已完成，施工现场具备验收的条件。

（2）已完工序施工质量验收评定全部合格，有关质量缺陷已全部处理完毕或有监理单位批准的处理意见。

3.3.3 单元工程施工质量验收评定应包括以下资料：

（1）施工单位申请验收评定时，应提交资料有：①单元工程中所含工序（或检验项目）验收评定的检验资料；②原材料、拌合物与各项实体检验项目的检验记录资料；③施工单位自检完成后，填写的单元工程施工质量验收评定表。

（2）监理单位应提交资料有：①监理单位对单元工程施工质量的评定检测资料；②监理工程师签署质量复核意见的单元工程施工质量验收评定表。

7．水利水电工程单元工程施工质量验收评定表填写

根据《水利水电工程单元工程施工质量验收评定表及填表说明》（2016 年）：

（1）合格率。用百分数表示，小数点后保留一位。如果恰为整数，则小数点后以 0 表示。例：95.0%。

（2）检验记录。表中检验记录都应以现场施工检验记录为依据，并及时整理备查。文字记录应真实、准确、简练。数字记录应准确、可靠，小数点后保留位数应符合有关规定。

（3）改错。将错误用斜线画掉，再在其右上方填写正确的文字（或数字）。

（4）设计值按施工图填写。实测值填写实际检测数据，而不是偏差值。

（5）《水利水电工程施工质量评定表》中列出的某些项目，如实际工程无该项内容，应在相应检验栏用斜线"/"表示。

8．水利水电工程混凝土施工的规定

《水工混凝土施工规范》SL 677—2014 规定：

7.3.6　不论采用何种运输设备，混凝土自由下落高度不宜大于 2m，超过时应采用缓降或其他措施，防止骨料分离。

7.4.10 混凝土浇筑过程中，不应在仓内加水。

9．水利水电工程项目优良率的计算

水利水电工程项目优良率的计算，如图 4-1 所示。

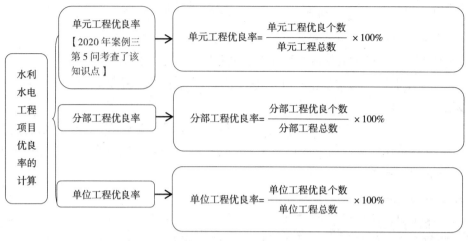

图 4-1 水利水电工程项目优良率的计算

【想对考生说】

水利水电工程项目优良率的计算、单元工程施工质量验收评定、施工质量评定的内容在 2020 年案例分析考试中以分析判断题的形式进行了考查，考生要将其内容重点掌握。考查分析分析判断类型题目的可能性较大，考生进行分析判断时，一定要根据题目的要求去答题，切勿多答、少答、漏答。

【还会这样考】

某大型泵站枢纽工程，泵型为立式轴流泵，装机功率 6×1850kW，设计流量 150m³/s。枢纽工程包括进水闸（含拦污栅）、前池、进水池、主泵房、出水池、出水闸、变电站、管理设施等。主泵房采用混凝土灌注桩基础。施工过程中发生了如下事件：

事件 1：主泵房基础灌注桩共 72 根，项目划分为一个分部工程且为主要分部工程，该分部工程划分为 12 个单元工程，每个单元工程灌注桩根数为 6 根。质量监督机构批准了该项目划分，并提出该灌注桩为重要隐蔽单元工程，要求质量评定和验收时按每根灌注桩填写重要隐蔽单元工程质量等级签证表。

事件 2：进水池左侧混凝土翼墙为前池及进水池分部工程中的一个单元工程。施工完成后，经检验，该翼墙混凝土强度未达到设计要求，经设计单位复核，不能满足安全和使用功能要求，决定返工重做，导致直接经济损失 35 万元，所需时间 40 天。返工重做后，该单元工程质量经检验符合优良等级标准，被评定为优良，前池及进水池分部工程质量经检验符合优良等级标准，被评定为优良。

【问题】

1. 根据《水利水电工程施工质量检验与评定规程》SL 176—2007，指出事件 1 中的不妥之处，并改正。

2. 根据《水利水电工程施工质量检验与评定规程》SL 176—2007，分别指出事件

2 中单元工程、分部工程质量等级评定结果是否正确，并简要说明事由。

3．根据《水利工程质量事故处理暂行规定》（水利部令第 9 号），确定事件 2 中质量事故的类别，并简要说明事由。

【参考答案】

1．不妥之处：混凝土灌注桩质量评定和验收按每根填写重要隐蔽单元工程质量等级签证。

改正：应按事件 1 中的每个单元工程填写。

2．该单元工程质量等级评定为优良是正确的，因为返工重做的可重新评定质量等级。

理由：该分部工程质量等级评定为优良是不正确的，因为发生过质量事故的分部工程质量等级不能评定为优良。

3．事件 2 中的质量事故为较大质量事故。

理由：直接经济损失费用 35 万元大于 30 万元，且小于 100 万元；事故处理工期 40 天大于 1 个月，且小于 3 个月。

【想对考生说】

1．本案例问题 1 考查的是《水利水电工程施工质量检验与评定规程》SL 176—2007 有关施工质量评定工作的组织要求。单元工程划分，按柱（墩）基础划分，每一柱（墩）下的灌注桩基础为一个单元工程。重要隐蔽单元工程及关键部位单元工程质量经施工单位自评合格、监理单位抽检后，由项目法人（或委托监理）、监理、设计、施工、工程运行管理（施工阶段已经有时）等单位组成联合小组，共同检查核定其质量等级并填写签证表，报工程质量监督机构核备。所以应按事件 1 中的每个单元工程填写。

2．本案例问题 2 考查的是单元工程、分部工程质量等级的评定标准。

（1）单元工程施工质量优良标准按照《单元工程评定标准》以及合同约定的优良标准执行。全部返工重做的单元工程，经检验达到优良标准时，可评为优良等级。所以事件 4 中单元工程质量等级评定为优良是正确的。

（2）分部工程施工质量优良标准：

①所含单元工程质量全部合格，其中 70% 以上达到优良等级，主要单元工程以及重要隐蔽单元工程（关键部位单元工程）质量优良率达 90% 以上，且未发生过质量事故。

②中间产品质量全部合格，混凝土（砂浆）试件质量达到优良等级（当试件组数小于 30 时，试件质量合格）。

由于事件 2 中分部工程发生过质量事故，所以其质量等级评定为优良不正确。

3．本案例问题 3 考查的是工程质量事故的分类。事件 2 中，因为进水池左侧混凝土翼墙不能满足安全和使用功能要求，导致直接经济损失 35 万元，所需时间 40 天。根据《水利工程质量事故处理暂行规定》施工质量事故的具体分类，该事故被认定为较大质量事故。

二、工程质量验收

【考生必掌握】

1．水利水电建设工程验收规定

水利水电建设工程验收规定，见表 4-12。

水利水电建设工程验收规定　　　　　　　　　　　　　　　　表 4-12

《水利水电建设工程验收规程》SL 223—2008	
总则	1.0.3 水利水电建设工程验收按验收主持单位可分为法人验收和政府验收。法人验收应包括分部工程验收、单位工程验收、水电站（泵站）中间机组启动验收、合同工程完工验收等；政府验收应包括阶段验收、专项验收、竣工验收等。验收主持单位可根据工程建设需要增设验收的类别和具体要求。 1.0.6 政府验收应由验收主持单位组织成立的验收委员会负责；法人验收应由项目法人组织成立的验收工作组负责。验收委员会（工作组）由有关单位代表和有关专家组成。验收的成果性文件是验收鉴定书，验收委员会（工作组）成员应在验收鉴定书上签字。对验收结论持有异议的，应将保留意见在验收鉴定书上明确记载并签字。 1.0.7 工程验收结论应经 2/3 以上验收委员会（工作组）成员同意。验收过程中发现的问题，其处理原则应由验收委员会（工作组）协商确定。主任委员（组长）对争议问题有裁决权。若 1/2 以上的委员（组员）不同意裁决意见时，法人验收应报请验收监督管理机关决定；政府验收应报请竣工验收主持单位决定
分部工程验收	3.0.3 分部工程具备验收条件时，施工单位应向项目法人提交验收申请报告。项目法人应在收到验收申请报告之日起 10 个工作日内决定是否同意进行验收。 3.0.4 分部工程验收应具备以下条件：（1）所有单元工程已完成；（2）已完单元工程施工质量经评定全部合格，有关质量缺陷已处理完毕或有监理机构批准的处理意见；（3）合同约定的其他条件。 3.0.5 分部工程验收应包括以下主要内容：（1）检查工程是否达到设计标准或合同约定标准的要求；（2）评定工程施工质量等级；对验收中发现的问题提出处理意见
单位工程验收	4.0.5 单位工程验收应具备以下条件：（1）所有分部工程已完建并验收合格；（2）分部工程验收遗留问题已处理完毕并通过验收，未处理的遗留问题不影响单位工程质量评定并有处理意见；（3）合同约定的其他条件。 4.0.6 单位工程验收应包括以下主要内容：（1）检查工程是否按批准的设计内容完成；（2）评定工程施工质量等级；（3）检查分部工程验收遗留问题处理情况及相关记录；（4）对验收中发现的问题提出处理意见。 4.0.8 需要提前投入使用的单位工程应进行单位工程投入使用验收。单位工程投入使用验收由项目法人主持，根据工程具体情况，经竣工验收主持单位同意，单位工程投入使用验收也可由竣工验收主持单位或其委托的单位主持
合同工程完工验收	5.0.4 合同工程完工验收应具备以下条件：合同范围内的工程项目已按合同约定完成；工程已按规定进行了有关验收；观测仪器和设备已测得初始值及施工期各项观测值；工程质量缺陷已按要求进行处理；工程完工结算已完成；施工现场已经进行清理；需移交项目法人的档案资料已按要求整理完毕；合同约定的其他条件

《水利水电建设工程验收规程》SL 223—2008	
阶段验收一般规定	6.1.1 阶段验收应包括枢纽工程导（截）流验收、水库下闸蓄水验收、引（调）排水工程通水验收、水电站（泵站）首（末）台机组启动验收、部分工程投入使用验收以及竣工验收主持单位根据工程建设需要增加的其他验收。 6.1.2 阶段验收应由竣工验收主持单位或其委托的单位主持。阶段验收委员会由验收主持单位、质量和安全监督机构、运行管理单位的代表以及有关专家组成；必要时，可邀请地方人民政府以及有关部门参加。工程参建单位应派代表参加阶段验收，并作为被验收单位在验收鉴定书上签字。 6.1.3 工程建设具备阶段验收条件时，项目法人应向竣工验收主持单位提出阶段验收申请报告。竣工验收主持单位应自收到申请报告之日起 20 个工作日内决定是否同意进行阶段验收。
引（调）排水工程通水验收	6.4.2 通水验收应具备以下条件：（1）引（调）排水建筑物的形象面貌满足通水的要求；（2）通水后未完工程的建设计划和施工措施已落实；（3）引（调）排水位以下的移民搬迁安置和障碍物清理已完成并通过验收；（4）引（调）排水的调度运用方案已编制完成；度汛方案已得到有管辖权的防汛指挥部门批准，相关措施已落实
竣工验收	8.1.1 竣工验收应在工程建设项目全部完成并满足一定运行条件后 1 年内进行。不能按期进行竣工验收的，经竣工验收主持单位同意，可适当延长期限，但最长不得超过 6 个月。一定运行条件是指：（1）泵站工程经过一个排水或抽水期；（2）河道疏浚工程完成后；（3）其他工程经过 6 个月（经过一个汛期）至 12 个月

2. 《水利水电工程标准施工招标文件技术标准和要求（合同技术条款）（2009 年版）》中第 17 章疏浚和吹填工程的规定

（1）承包人应按本合同技术条款施工图纸和监理人的指示对河道开挖断面进行实地放样校测，校测中发现与施工图纸不符时，应会同监理人共同进行复测，复测成果作为疏浚和吹填工程计量的原始依据。

（2）在疏浚期间，如疏浚河段存在发包人尚未拆除的老桥，则开挖施工应限制在该桥上、下游各 25m 范围外，对正在施工的新桥，其疏浚活动应远离新桥施工围堰的 20m 外进行。

（3）当发现水下障碍物时，承包人应设置浮标和灯标标示其位置，并立即报告监理人。承包人应尽快清除水下障碍物，其施工方法须经监理人批准。

（4）承包人应根据环境保护要求对排泥区排泥程序进行合理安排，将污染严重的土排在底层，污染较轻的土排在上层，再在其上覆盖无污染的土。

（5）已经进行了分期分段验收的河道，应在当时由监理人签认验收资料，经监理人确认后，承包人不再为已进行分期、分段验收后的河道回淤承担责任。

3. 竣工图编制

根据《水利工程建设项目档案管理规定》规定，竣工图是项目档案的重要组成部分，一般由施工单位负责编制，须符合《水利工程建设项目竣工图编制要求》。项目法人负责组织或委托有资质的单位编制工程总平面图和综合管线竣工图。竣工图编制要求如下：

（1）工程竣工时应编制竣工图，竣工图一般由施工单位负责编制。

（2）不同的建筑物、构筑物应分别编制竣工图。

（3）竣工图应完整、准确、规范、修改到位，真实反映项目竣工时的实际情况，图面整洁，文字和线条清晰，纸张无破损。

（4）用施工图编制竣工图的，应使用新图纸，白图或蓝图均可，但不得使用复印的白图和拼接图编制竣工图。

（5）按施工图施工没有变更的，由竣工图编制单位在施工图上逐张加盖并签署竣工图章。

（6）一般性图纸变更且能在原施工图上修改补充的，可直接在原图上修改，并加盖竣工图章。修改处应注明修改依据文件的名称、编号和条款号，无法用图形、数据表达或标注清楚的，应在标题栏上方或左边用文字简练说明。

4. 缺陷责任期（工程质量保修期）的起算时间

《水利水电工程标准施工招标文件（2009版）》通用合同条款第19.1款规定，缺陷责任期（工程质量保修期）的起算时间：

（1）除专用合同条款另有约定外，缺陷责任期（工程质量保修期）从工程通过合同工程完工验收后开始计算。

（2）合同工程完工验收前，发包人提前验收的单位或部分工程：

①若未投入使用，其缺陷责任期（工程质量保修期）从工程通过合同工程完工验收后开始计算；

②若已投入使用，其缺陷责任期（工程质量保修期）从通过单位工程或部分工程投入使用验收后开始计算。

【想对考生说】

工程质量验收的内容，主要涉及《水利工程建设项目档案管理规定》《水利水电建设工程验收规程》SL 223—2008、《水利水电工程标准施工招标文件（2009版）》等内容，考生要熟练掌握前述法规的内容。

【还会这样考】

富民渠首枢纽工程为大型水利工程，枢纽工程土建及设备安装招标文件按《水利水电工程标准施工招标文件（2009年版）》编制，其中关于投标人资格要求的部分内容如下：

（1）投标人须具备水利水电工程施工总承包一级及以上资质，年检合格，并在有效期内；

（2）投标人项目经理须由持有一级建造师执业资格证书和安全生产考核合格证书的人员担任，并具有类似项目业绩；

（3）投标人注册资本金应不低于投标报价的10%；

（4）水利建设市场主体信用级别为诚信。

招标文件规定，施工临时工程为总价承包项目，由投标人自行编制工程项目或费用名称，并填报报价。A、B、C、D四家投标人参与投标，其中投标人A填报的施工临时工程分组工程量清单，见表4-13。

施工临时工程分组工程量清单　　　　　　　　　　表 4-13

序号	工程项目或费用名称	金额（万元）
1	围堰填筑	100
2	围堰拆除	50
3	围堰土工试验费	1
4	施工场内交通	100
5	施工临时房屋	200
6	施工降排水	100
7	施工生产用电费用	80
8	计日工费用	20
9	其他临时工程	100

经过评标，投标人 B 中标，发包人与投标人 B 签订了施工承包合同，合同条款中关于双方的义务有如下内容：

（1）负责办理工程开工报告报批手续；

（2）负责提供施工临时用地；

（3）负责编制施工现场安全生产预案；

（4）负责管理暂估价项目承包人；

（5）负责组织竣工验收技术鉴定；

（6）负责提供工程预付款担保；

（7）负责投保第三者责任险。

工程具备竣工验收条件后，竣工验收主持单位组织了工程竣工验收，项目法人随后主持了档案专项验收，并将档案专项验收意见提交竣工验收委员会。

【问题】

1. 指出并改正已列出的对投标人资格要求的不妥之处。符合投标人资格要求的水利建设市场主体信用级别有哪些？

2. 投标人 A 填报的施工临时工程分组工程量清单中，哪些工程项目或费用不妥？说明理由。

3. 背景资料合同条款列举的双方义务中，属于承包人义务的有哪些？

4. 指出并改正档案专项正式验收组织中的不妥之处。

【参考答案】

1. 对投标人资格要求的不妥之处：项目经理要求一级建造师不够具体，应是水利水电专业一级建造师；注册资本金 10% 不妥，一级资质等级企业注册资本金应不低于 20%。

符合投标人资格要求的信用级别有三个级别：AAA、AA、A。

2. 工程项目或费用不妥之处及理由：

（1）投标人 A 序号为 3 的内容不妥。

理由：围堰土工试验费包含在《工程量清单》相应项目的工程单价或总价中，发包人不另行支付。

（2）投标人A序号为7的内容不妥。

理由：施工生产用电费用应包含在分项工程的《工程量清单》相应项目的工程单价中，发包人不另行支付。

（3）投标人A序号为8的内容不妥。

理由：计日工属于零星工作项目，不应在施工临时工程计列。

（4）投标人A序号为9的内容不妥。

理由：其他临时工程不列入《工程量清单》中，承包人根据合同要求完成这些设施的建设、移置，维护管理和拆除工作所需的费用包含在相应永久工程项目的工程单价或总价中，发包人不另行支付。

3．属于承包人义务的有：负责编制施工现场安全生产预案；负责管理暂估价项目承包人；负责提供工程预付款担保；负责投保第三者责任险。

4．竣工验收后才进行档案专项验收不妥，应提前或与竣工验收同步进行。

档案专项验收由项目法人主持不妥，应由水行政主管部门主持。

【想对考生说】

1．本案例问题1考查的是投标人应具备的条件。投标人应具备与拟承担招标项目施工相适应的资质、财务状况、信誉等资格条件。

项目经理应当由本单位的水利水电工程专业注册建造师担任。拟担任项目经理的注册建造师应符合《注册建造师执业管理办法（试行）》的有关规定，有一定数量类似工程业绩，具备有效的安全生产考核合格证书。

一级企业可承担单项合同额不超过企业注册资本金5倍的各种类型水利水电工程及辅助生产设施的建筑、安装和基础工程的施工。这就要求投标人注册资本金应不低于投标报价的20%。

根据水利部《关于印发水利建设市场主体信用评价管理办法的通知》（水建设〔2019〕307号），信用等级分为AAA（信用很好）、AA（信用好）、A（信用较好）、B（信用一般）和C（信用较差）三等五级。背景资料中要求水利建设市场主体信用级别为诚信。所以符合投标人资格要求的信用级别为AAA、AA、A三级。

2．本案例问题2考查的是临时工程工程量计量与支付。

（1）除合同约定的大型现场生产性试验项目由发包人按《工程量清单》所列项目的总价支付外，其他各项生产性试验费用均包含在《工程量清单》相应项目的工程单价或总价中，发包人不另行支付。

（2）除合同另有约定外，承包人根据合同要求完成施工用电设施的建设、移设和拆除工作所需的费用，由发包人按《工程量清单》相应项目的工程单价或总价支付。

（3）未列入《工程量清单》的其他临时设施，承包人根据合同要求完成这些设施的建设、移置、维护管理和拆除工作所需的费用，包含在相应永久工程项目的工程单价或总价中，发包人不另行支付。

3．本案例问题 3 考查的是承包人的基本义务。承包人的基本义务有：①遵守法律；②依法纳税；③完成各项承包工作；④对施工作业和施工方法的完备性负责；⑤保证工程施工和人员的安全；⑥负责施工场地及其周边环境与生态的保护工作；⑦避免施工对公众与他人的利益造成损害；⑧为他人提供方便；⑨工程的维护和照管；⑩专用合同条款约定的其他义务和责任。工程保险除专用合同条款另有约定外，承包人应以发包人和承包人的共同名义向双方同意的保险人投保建筑工程一切险、安装工程一切险。

4．本案例问题 4 考查的是水利工程档案验收工作。根据《水利工程建设项目档案管理规定》第三十六条规定，项目档案验收是水利工程建设项目竣工验收的重要内容，大中型水利工程建设项目在竣工验收前要进行档案专项验收，其他水利工程建设项目档案验收应与竣工验收同步进行。

第三十七条规定，项目档案专项验收一般由水行政主管部门主持，会同档案主管部门开展验收。地方对项目档案专项验收有相关规定的从其规定。

第五节　质量事故分析及处理

【考生必掌握】

1．质量事故的分类

扫码学习

《水利工程质量事故处理暂行规定》规定：

第七条　工程质量事故按直接经济损失的大小，检查、处理事故对工期的影响时间长短和对工程正确使用的影响，分为一般质量事故、较大质量事故、重大质量事故、特大质量事故。

第八条　一般质量事故指对工程造成一定经济损失，经处理后不影响正常使用并不影响使用寿命的事故。

较大质量事故是指对工程造成较大经济损失或延误较短工期，经处理后不影响正常使用但对工程寿命有一定影响的事故。

　　重大质量事故是指对工程造成重大经济损失或较长时间延误工期，经处理后不影响正常使用但对工程寿命有较大影响的事故。

　　特大质量事故是指对工程造成特大经济损失或长时间延误工期，经处理后仍对正常使用和工程寿命造成较大影响的事项。

　　水利工程质量事故分类标准，见表4-14。

水利工程质量事故分类标准　　　　　　　　　　　　表4-14

损失情况 ＼ 事故类别		特大质量事故	重大质量事故	较大质量事故	一般质量事故
事故处理所需的物质、器材和设备、人工等直接损失费用（人民币万元）	大体积混凝土，金属结构制作和机电安装工程	>3000	>500，≤3000	>100，≤500	>20，≤100
	土石方工程，混凝土薄壁工程	>1000	>100，≤1000	>30，≤100	>10，≤30
事故处理所需合理工期（月）		>6	>3，≤6	>1，≤3	≤1
事故处理后对工程功能和寿命影响		影响工程正常使用，需限制条件运行	不影响正常使用，但对工程寿命有较大影响	不影响正常使用，但对工程寿命有一定影响	不影响正常使用和工程寿命

注：1. 直接经济损失费用为必需条件，其余两项主要适用于大中型工程；
　　2. 小于一般质量事故的质量问题称为质量缺陷。

　　2. 质量事故常见原因分析

　　一般原因：违反基本建设程序；工程地质勘查失误或地基处理失误；设计方案和设计计算失误；人的原因（施工技术人员数量不足、技术业务素质不高或使用不当；施工操作人员培训不够，素质不高，对持证上岗的岗位控制不严，违章操作）；建筑材料及制品不合格；施工方法（不按图施工、施工方案和技术措施不当）；环境因素影响。

　　3. 质量事故处理程序

　　质量事故处理程序，如图4-2所示。

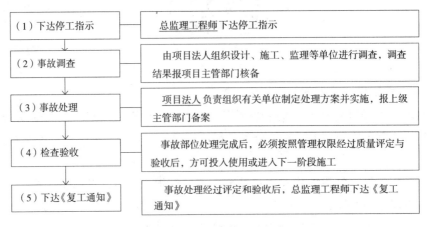

图4-2　质量事故处理程序

【考生这样记】

停下调查，处理验收并复工。

4. 事故报告

事故报告，见表4-15。

事故报告　　　　　　　　　　　　表4-15

《水利工程质量事故处理暂行规定》	
报告部门	第九条　发生质量事故后，项目法人必须将事故的简要情况向项目主管部门报告。项目主管部门接事故报告后，按照管理权限向上级水行政主管部门报告。一般质量事故向项目主管部门报告。较大质量事故逐级向省级水行政主管部门或流域机构报告。重大质量事故逐级向省级水行政主管部门或流域机构报告并抄报水利部。特大质量事故逐级向水利部和有关部门报告
报告时限	第十一条　发生（发现）较大、重大和特大质量事故，事故单位要在48小时内向第九条所规定单位写出书面报告；突发性事故，事故单位要在4小时内电话向上述单位报告
报告内容	第十二条　事故报告应当包括以下内容：（1）工程名称、建设规模、建设地点、工期，项目法人、主管部门及负责人电话；（2）事故发生的时间、地点、工程部位以及相应的参建单位名称；（3）事故发生的简要经过、伤亡人数和直接经济损失的初步估计；（4）事故发生原因初步分析；（5）事故发生后采用的措施及事故控制情况；（6）事故报告单位、负责人及联系方式

5. 事故调查、处理

事故调查、处理，见表4-16。

事故调查、处理　　　　　　　　　　表4-16

质量事故类型	调查权限	处理方案	实施	备案
一般	法人组织设计、施工、监理等单位	项目法人负责组织有关单位制定	直接实施	上级主管部门
较大	项目主管部门组织调查组		经上级主管部门审定后实施	省级水行政主管部门或流域机构
重大	省级以上水行政主管部门组织调查组	项目法人负责组织有关单位提出	报省级水行政主管部门或流域机构审定后实施	—
特大	水利部组织调查			水利部备案

注：1. 事故处理需要进行设计变更的，需原设计单位或有资质的单位提出设计变更方案。需要进行重大设计变更的，必须经原设计审批部门审定后实施。

2. 事故部位处理完成后，必须按照管理权限经过质量评定与验收后，方可投入使用或进入下一阶段施工。

3. 发生质量事故，必须坚持"事故原因不查清楚不放过、主要事故责任者和职工未受到教育不放过、补救和防范措施不落实不放过"的原则。

4. 质量事故造成的损失费用，坚持谁该承担事故责任，由谁负责的原则。

【想对考生说】

　上述表格内容是根据《水利工程质量事故处理暂行规定》第十五条～第十八条规定、第二十四条～第二十七条规定进行的总结。

【还会这样考】

甲公司承担了某大型水利枢纽工程主坝的施工任务。主坝长 1206.56m，坝顶高 64.00m，最大坝高 81.55m（厂房坝段），坝基最大挖深 13.50m。该标段主要由泄洪洞、河床式发电厂房、挡水坝段等组成。

施工期间发生如下事件：

事件1：甲公司施工项目部编制《××××年度汛方案》报监理单位批准。

事件2：针对本工程涉及的超过一定规模的危险性较大单项工程，分别编制了《纵向围堰施工方案》《一期上、下游围堰施工方案》《主坝基础土石方开挖施工方案》《主坝基础石方爆破施工方案》，施工单位对上述专项施工方案组织专家审查论证，将修改完成后的专项施工方案送监理单位审核。总监理工程师委托常务副总监对上述专项施工方案进行审核。

事件3：项目法人主持召开安全例会，要求甲公司按《水利水电工程施工安全管理导则》SL 721—2015 及时填报事故信息等各类水利生产安全信息。安全例会通报中提到的甲公司施工现场存在的部分事故隐患，见表4-17。

甲公司施工现场存在的部分事故隐患 表4-17

序号	事故隐患内容描述
1	缺少 40t 履带吊安全操作规程
2	油库距离临时搭建的 A 休息室 45m，且搭建材料的燃烧性能等级为 B_2
3	未编制施工用电专项方案
4	未对进场的 6 名施工人员进行入场安全培训
5	围堰工程未经验收合格即投入使用
6	13 号开关箱漏电保护器失效
7	石方爆破工程未按专项施工方案施工
8	B 休息室西墙穿墙电线未做保护，有两处破损

事件4：施工现场设有氨压机车间，甲公司将其作为重大危险源进行管理，并依据《水利水电工程施工安全防护设施技术规范》SL 714—2015 制定了氨压机车间必须采取的安全技术措施。

事件5：木工车间的李某在用圆盘锯加工竹胶板时，碎屑飞入左眼，造成左眼失明。事后甲公司依据《工伤保险条例》，安排李某进行了劳动能力鉴定。

【问题】

1. 根据《水利工程施工监理规范》SL 288—2014、《水利工程建设安全生产管理规定（2019 年修正）》，指出事件 1 和事件 2 中不妥之处，并简要说明原因。项目部编制度汛方案的最主要依据是什么?

2. 事件 3 中,除事故信息外,水利生产安全信息还应包括哪两类信息? 指出表 4-17 中可用直接判定法判定为重大事故隐患的隐患(用序号表示)。

3. 事件 4 中氨压机车间必须采取的安全技术措施有哪些?

4. 事件 5 中,造成事故的不安全因素是什么? 根据《工伤保险条例》,在什么情况下,用人单位应安排工伤职工进行劳动能力鉴定?

【参考答案】

1. 根据《水利工程施工监理规范》SL 288—2014、《水利工程建设安全生产管理规定(2019 年修正)》,事件 1 和事件 2 中的不妥之处及理由如下。

(1)不妥之处:项目部将"××××年度汛方案"报监理单位批准。

理由:不符合《水利工程建设安全生产管理规定(2019 年修正)》,应报项目法人批准"××××年度汛方案"。

(2)不妥之处:总监理工程师委托常务副总监审核专项施工方案。

理由:不符合《水利工程施工监理规范》SL 288—2014,此工作属于总监工程师不可授权的范围,应自己审核签字。

项目部编制度汛方案的主要依据是项目法人编制的工程度汛方案及措施。

2. 事件 3 中,除事故信息外,水利生产安全信息还应包括:基本信息、隐患信息。表 4-17 中的第 2、3、5、7 项可用直接判定法判定为重大事故隐患。

3. 事件 4 中氨压机车间必须具备的安全技术措施:

(1)控制盘柜与氨压机应分开隔离设置,并符合防火防爆要求;

(2)所有照明、开关、取暖设施应采用防爆电器;

(3)设有固定式氨气报警仪;

(4)配备有便携式氨气检测仪;

(5)设置应急疏散通道并明确标志。

4. 造成事故的不安全因素包括:李某未佩戴护目镜;木材加工机械的安全保护装置(排屑罩)未配备或损坏。

根据《工伤保险条例》,发生工伤,经治疗伤情相对稳定后存在残疾,影响劳动能力的,用人单位应安排工伤职工进行劳动能力鉴定。

【想对考生说】

1. 本案例问题 1 考查的是施工水利工程建设项目的特殊要求。在回答事件 1、2 中的不妥之处时,尽量采用背景资料中不妥文字,应逐一列出,不要混在一起,切记笼统描述。

施工单位在建设有度汛要求的水利工程时,应当根据项目法人编制的工程度汛方案、措施制定相应的度汛方案,报项目法人批准。

2．本案例问题2考查的是水利生产安全信息及重大事故隐患的判定。水利安全生产信息包括基本信息、隐患信息和事故信息等。注意背景资料中已经给出事故信息，只需回答另外两类。考试时类似这样的题目经常考查到。水利工程建设项目生产安全重大事故隐患直接判定清单（指南）与综合判定清单（指南）应掌握，注意综合判定中，应满足全部基础条件+任意2项隐患、全部基础条件+任意3项隐患的隐患有哪些。表4-17中，序号1、4为综合判定清单中的基础条件。

3．本案例问题3考查的是氨压机车间的规定。这是对工程建设强制性标准的考查。本题根据《水利水电工程施工安全防护设施技术规范》SL 714—2015第7.2.1条规定作答。

4．本案例问题4考查的是水利工程安全生产管理的规定。事故的不安全因素包括人的不安全行为、物的不安全状态和管理因素。事件5中，圆盘锯加工竹胶板时产生碎屑，木材加工机械未配备安全保护装置（排屑罩），李某也未佩戴护目镜。

第六节　质量统计分析方法及应用

一、直方图法

【考生必掌握】

1.直方图的判断与分析

直方图的判断与分析，如图4-3所示。

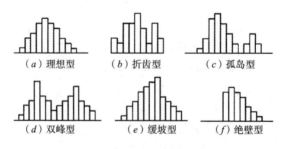

（a）理想型　（b）折齿型　（c）孤岛型

（d）双峰型　（e）缓坡型　（f）绝壁型

图4-3　直方图的判断与分析

（a）理想型：左右基本对称的单峰型，说明生产过程正常；（b）折齿型：分组过多或组距太细所致；（c）孤岛型：原材料或操作方法的显著变化所致；（d）双峰型：由于将来自两个总体的数据（两种不同材料、两台机器或不同操作方法）混在一起所致；（e）缓坡型：图形向左或向右呈缓坡状，即平均值$\bar{x}$又过于偏左或偏右，这是由工序施工过程中的上控制界限或下控制界限控制太严所造成的；（f）绝壁型：由于收集数据不当，或是人为剔除了下限以下的数据造成的

2. 废品率的计算

根据标准公差上限 T_U、标准公差下限 T_L 和平均值、标准偏差 S 可以推断产品的废品率。先求出超越上限、下限的偏移系数，依据偏移系数查正态分布表，得出相应的废品率。废品率的计算，如图 4-4 所示。

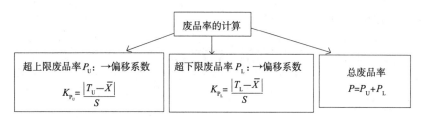

图 4-4 废品率的计算

3. 工序能力分析

用 T 表示质量标准要求的界限，用 B 代表实际质量特性值分布范围。工序能力分析，见表 4-18。

工序能力分析 表 4-18

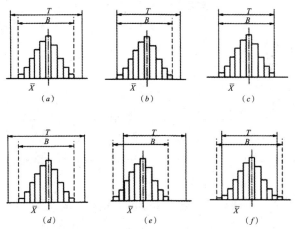

B 在 T 中间（a）	两边各有一定余地，这是理想的控制状态
B 虽在 T 之内，但偏向一侧（b）	有可能出现超上限或超下限不合格品，要采取纠正措施，提高工序能力
B 与 T 重合（c）	实际分布太宽，极易产生超上限与超下限的不合格品，要采取措施，提高工序能力
B 过分小于 T（d）	说明工序能力过大，不经济
B 过分偏离了中心（e）	已经产生超上限或超下限的不合格品，需要调整
B 大于 T（f）	已经产生大量超上限与超下限的不合格品，说明工序能力不能满足技术要求

二、排列图法（主次因素分析图法）

【考生必掌握】

排列图法是分析影响工程（产品）质量主要因素的一种有效方法。

1. 排列图绘制步骤

排列图绘制步骤，如图 4-5 所示。

（1）建立坐标	纵坐标为件数或频率，横坐标为影响因素项目（从大到小排列）
（2）画直方图	依据件数或频率画出直方形
（3）画巴雷特曲线	根据各因素的累计频率或累计件数，按照频率坐标上刻度描点，连接各点即为巴雷特曲线

图 4-5　排列图绘制步骤

2. 排列图分析【2020 年案例三第 4 问】

排列图分析，见表 4-19。

排列图分析　　　　　　　　　　　　　　　　　　　　表 4-19

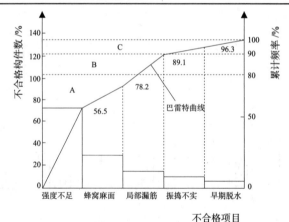

A 区	累计频率在 80% 以下，为主要因素或关键项目，是应该解决的重点
B 区	累计频率在 80% ~ 90%，为次要因素
C 区	累计频率在 90% ~ 100%，为一般因素，一般不作为解决的重点

【考生这样记】

分清主次看排列，先排序再累加；数量从高到低排，累计八成为主因；八九之间为次因，剩下一成为一般。

三、因果分析图法

【考生必掌握】

因果分析图法，见表4-20。

因果分析图法 表4—20

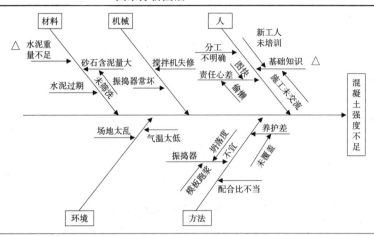

组成	由质量特性（即指某个质量问题）、要因（产生质量问题的主要原因）、枝干（指一系列箭线表示不同层次的原因）、主干（指较粗的直接指向质量问题的水平箭线）等所组成。五大因素：人、机械、材料、方法、环境

【想对考生说】

1．在2020年考试中考查排列图法，考核形式为：要求考生根据发生事件判别造成混凝土强度不合格的主要因素和一般因素。

2．在考查直方图时，一般考核形式为：针对发生事件中给出的直方图，要求判断属于哪种类型，并分别说明其形成原因。

3．在考查因果分析图法时，一般考核形式为：针对发生事件中的质量问题，要求绘制包含人员、机械、材料、方法、环境五大因果分析图，并将相关原因分别归入五大要因之中。

【历年这样考】

【2020年真题】

某水利工程主要建设内容为：河道疏浚12.56km，渠道衬砌4.57km，堤防退建3.8km，新建泵站1座。工程实施过程中发生如下事件：

事件1：承包人按合同要求提交的堤防填筑专项施工方案已经监理工程师审批，监理员现场检查发现铺料厚度和土块直径不符合规范要求，及时指示承包人整改并签发通知。

事件 2：泵站基坑开挖完成后，承包人对基坑地质情况进行地质编录并及时告知发包人。

事件 3：发包人要求监理机构对堤防填筑、渠道衬砌混凝土施工全过程进行旁站监理。

事件 4：渠道衬砌施工中承包人自检 C25 混凝土试块共有 25 组抗压强度不合格，造成混凝土抗压强度不合格的影响因素排列图，如图 4-6 所示。

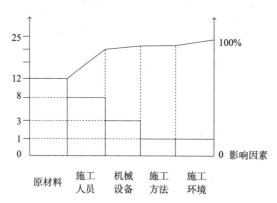

图 4-6　混凝土抗压强度不合格的影响因素排列图

事件 5：堤防退建单位工程共划分 9 个分部工程，质量全部合格，其中 6 个分部工程质量评定为优良，主要分部工程质量全部优良；施工中未发生质量事故；外观质量得分率为 82%；施工质量检测与评定资料基本齐全；观测资料分析结果符合相关要求。

【问题】

1. 指出事件 1 中监理工作的不妥之处，并说明正确做法。
2. 指出事件 2 中承包人做法的不妥之处，并说明正确做法。
3. 列出事件 3 中堤防土方填筑、渠道衬砌混凝土施工需要旁站监理的关键工序。
4. 指出事件 4 中造成混凝土强度不合格的主要因素和一般因素。
5. 事件 5 中堤防退建单位工程质量等级是否可以评定为优良？说明理由。

【参考答案】

1. 事件 1 中监理工作的不妥之处及正确做法：

（1）不妥之处："承包人按合同要求提交的堤防填筑专项施工方案已经监理工程师审批。"

正确做法：专项施工方案应该由施工单位的技术负责人进行审核并签字，然后提交总监理工程师进行审核并签字。

（2）不妥之处："监理员现场检查发现铺料厚度和土块直径不符合规范要求，及时指示承包人整改并签发通知。"

正确做法：监理员应告知专业监理工程师，由专业监理工程师向承包人下发监理通知单，进行整改。

2. 事件 2 中承包人做法的不妥之处及正确做法：

不妥之处："泵站基坑开挖完成后，承包人对基坑地质情况进行地质编录并及时告知发包人。"

正确做法：泵站基坑开挖完成后，对需进行地质编录的工程隐蔽部位（基坑），承包人应报请设代机构进行地质编录，并及时告知监理机构。

3．事件3中：

（1）堤防土方填筑需旁站监理的关键工序：土料、沙砾料、堆石料、反滤料和垫层料压实工序。

（2）渠道衬砌混凝土施工需要旁站监理的关键工序：混凝土浇筑。

4．事件4中造成混凝土抗压强度不合格的影响因素占比：

（1）原材料占比：$12/25 \times 100\% = 48\%$，累计频率48%；

（2）施工人员占比：$8/25 \times 100\% = 32\%$，累计频率80%；

（3）机械设备占比：$3/25 \times 100\% = 12\%$，累计频率92%；

（4）施工方法占比：$1/25 \times 100\% = 4\%$，累计频率96%；

（5）施工环境占比：$1/25 \times 100\% = 4\%$，累计频率100%。

累计频率在80%以下的叫A区，其所包含的因素为主要因素或关键项目；累计频率在80%～90%的区域为B区，为次要因素；累计频率在90%～100%的区域为C区，为一般因素。

造成混凝土强度不合格的主要因素：原材料和施工人员；一般因素：机械设备、施工方法和施工环境。

5．堤防退建单位工程质量等级不能评定为优良。

理由：$单位工程优良率 = \dfrac{单位工程优良个数}{单位工程总数} \times 100\%$

故本题中分部工程优良率 $= 6/9 \times 100\% = 66.7\% < 70\%$，外观质量得分率为82%<85%，施工质量检测与评定资料应齐全，此处为基本齐全，故该单位工程不能评定为优良。

【想对考生说】

1．本案例问题1考查的是专项施工方案的规定、《监理通知单》的签发。

《水利水电工程施工安全管理导则》SL 721—2015第7.3.3条规定，专项施工方案应由施工单位技术负责人组织施工技术、安全、质量等部门的专业技术人员进行审核。经审核合格的，由施工单位技术负责人确认。实行分包的，应由总承包单位和分包单位技术负责人共同签字确认。

《监理通知单》应由总监理工程师或专业监理工程师签发，对于一般问题可由专业监理工程师签发，对于重大问题应由总监理工程师或经其同意后签发。

2．本案例问题2考查的是施工过程质量控制的规定。答题依据是《水利工程施工监理规范》SL 288—2014第6.2.10条规定。

3．本案例问题 3 考查的是施工阶段质量控制方法中的旁站监理。答题依据是《水利工程施工监理规范》SL 288—2014 中 4.2.3 条文说明规定。

4．本案例问题 4 考查的是排列图法。通常将巴氏曲线分成三个区：A 区、B 区和 C 区。累计频率在 80% 以下的叫 A 区，其所包含的因素为主要因素或关键项目，是应该解决的重点；累计频率在 80% ~ 90% 的区域为 B，为次要因素；累计频率在 90% ~ 100% 的区域为 C 区，为一般因素，一般不作为解决的重点。

5．本案例问题 4 考查的是单位工程优良率、单位工程质量评定标准。

（1）堤防退建单位工程质量等级是否可以评定为优良根据《水利水电工程施工质量检验与评定规程》SL 176—2007 中第 5.2.4 条规定去解答。

（2）单位工程优良率 $= \dfrac{\text{单位工程优良个数}}{\text{单位工程总数}} \times 100\%$。

第五章

水利工程安全生产监理

扫码学习

第一节　建设各方安全生产责任

【考生必掌握】

1. 项目法人的安全生产责任

项目法人的安全生产责任，见表5-1。

项目法人的安全生产责任　　　　　　　　　　　　　　　　　表5-1

项目	内容
《水利工程建设安全生产管理规定（2019年修正）》	第六条　项目法人在对施工投标单位进行资格审查时，应当对投标单位的主要负责人、项目负责人以及专职安全生产管理人员是否经水行政主管部门安全生产考核合格进行审查。有关人员未经考核合格的，不得认定投标单位的投标资格。 第八条　项目法人不得调减或挪用批准概算中所确定的水利工程建设有关安全作业环境及安全施工措施等所需费用。工程承包合同中应当明确安全作业环境及安全施工措施所需费用。 第九条　项目法人应当组织编制保证安全生产的措施方案，并自工程开工之日起15个工作日内报有管辖权的水行政主管部门、流域管理机构或者其委托的水利工程建设安全生产监督机构（以下简称安全生产监督机构）备案。建设过程中安全生产的情况发生变化时，应当及时对保证安全生产的措施方案进行调整，并报原备案机关。 保证安全生产的措施方案应当根据有关法律法规、强制性标准和技术规范的要求并结合工程的具体情况编制，应当包括以下内容：（1）项目概况；（2）编制依据；（3）安全生产管理机构及相关负责人；（4）安全生产的有关规章制度制定情况；（5）安全生产管理人员及特种作业人员持证上岗情况等；（6）生产安全事故的应急救援预案；（7）工程度汛方案、措施；（8）其他有关事项。

项目	内容
《水利工程建设安全生产管理规定（2019年修正）》	第十一条　项目法人应当将水利工程中的拆除工程和爆破工程发包给具有相应水利水电工程施工资质等级的施工单位。项目法人应当在拆除工程或者爆破工程施工15日前，将下列资料报送水行政主管部门、流域管理机构或者其委托的安全生产监督机构备案：（1）拟拆除或拟爆破的工程及可能危及毗邻建筑物的说明；（2）施工组织方案；（3）堆放、清除废弃物的措施；（4）生产安全事故的应急救援预案
《水利水电工程施工安全管理导则》SL 721—2015	6.1.4　水利水电工程建设项目招标文件中应包含安全生产费用项目清单，明确投标方应按有关规定计取，单独报价，不得删减。
	7.5.1　项目法人应根据工程情况和工程度汛需要，组织制订工程度汛方案和超标准洪水应急预案，报有管辖权的防汛指挥机构批准或备案。
	7.5.2　度汛方案应包括防汛度汛指挥机构设置、度汛工程形象、汛期施工情况、防汛度汛工作重点，人员、设备、物资准备和全度汛措施，以及雨情、水情、汛情的获取方式和通信保障方式等内容。防汛度汛指挥机构应由项目法人、监理单位、施工单位、设计单位主要负责人组成。
	7.5.5　施工单位应根据批准的度汛方案和超标准洪水应急预案，制订防汛度汛及抢险措施，报项目法人批准，并按批准的措施落实防汛抢险队伍和防汛器材、设备等物资准备工作，做好汛期值班，保证汛情、工情、险情信息渠道畅通

2. 施工单位的安全生产责任

施工单位的安全生产责任，见表 5-2。

施工单位的安全生产责任　　　　　　　　　　　　　　　　　　　　　　　表 5-2

项目	内容
《水利工程建设安全生产管理规定（2019年修正）》	第十七条　施工单位应当依法取得安全生产许可证后，方可从事水利工程施工活动。
	第十八条　施工单位主要负责人依法对本单位的安全生产工作全面负责。施工单位应当建立健全安全生产责任制度和安全生产教育培训制度，制定安全生产规章制度和操作规程，保证本单位建立和完善安全生产条件所需资金的投入，对所承担的水利工程进行定期和专项安全检查，并做好安全检查记录。施工单位的项目负责人应当由取得相应执业资格的人员担任，对水利工程建设项目的安全施工负责，落实安全生产责任制度、安全生产规章制度和操作规程，确保安全生产费用的有效使用，并根据工程的特点组织制定安全施工措施，消除安全事故隐患，及时、如实报告生产安全事故。（一岗双责：对业务负责，对业务范围内的安全生产工作负责）
	第十九条　施工单位在工程报价中应当包含工程施工的安全作业环境及安全施工措施所需费用。对列入建设工程概算的上述费用，应当用于施工安全防护用具及设施的采购和更新、安全施工措施的落实、安全生产条件的改善，不得挪作他用。
	第二十条　施工单位应当设立安全生产管理机构，按照国家有关规定配备专职安全生产管理人员。施工现场必须有专职安全生产管理人员。专职安全生产管理人员负责对安全生产进行现场监督检查。发现生产安全事故隐患，应当及时向项目负责人和安全生产管理机构报告；对违章指挥、违章操作的，应当立即制止。
	第二十一条　施工单位在建设有度汛要求的水利工程时，应当根据项目法人编制的工程度汛方案、措施制定相应的度汛方案，报项目法人批准；涉及防汛调度或者影响其他工程、设施度汛安全的，由项目法人报有管辖权的防汛指挥机构批准。
	第二十二条　垂直运输机械作业人员、安装拆卸工、爆破作业人员、起重信号工、登高架设作业人员等特种作业人员，必须按照国家有关规定经过专门的安全作业培训，并取得特种作业操作资格证书后，方可上岗作业。
	第二十三条　施工单位应当在施工组织设计中编制安全技术措施和施工现场临时用电方案，对下列达到一定规模的危险性较大的工程应当编制专项施工方案，并附具安全验算结果，经施工单位技术负责人签字以及总监理工程师核签后实施，由专职安全生产管理人员进行现场监督：（1）基坑支护与降水工程；（2）土方和石方开挖工程；（3）模板工程；（4）起重吊装工程；（5）脚手架工程；

续表

项目		内容
《水利工程建设安全生产管理规定（2019年修正）》		（6）拆除、爆破工程；（7）围堰工程；（8）其他危险性较大的工程。对前款所列工程中涉及高边坡、深基坑、地下暗挖工程、高大模板工程的专项施工方案，施工单位还应当组织专家进行论证、审查。 　　第二十四条　施工单位在使用施工起重机械和整体提升脚手架、模板等自升式架设设施前，应当组织有关单位进行验收，也可以委托具有相应资质的检验检测机构进行验收；使用承租的机械设备和施工机具及配件的，由施工总承包单位、分包单位、出租单位和安装单位共同进行验收。验收合格的方可使用。 　　第三十六条　施工单位应当根据水利工程施工的特点和范围，对施工现场易发生重大事故的部位、环节进行监控，制定施工现场生产安全事故应急救援预案。实行施工总承包的，由总承包单位统一组织编制水利工程建设生产安全事故应急救援预案，工程总承包单位和分包单位按照应急救援预案，各自建立应急救援组织或者配备应急救援人员，配备救援器材、设备，并定期组织演练
《水利水电工程施工安全管理导则》SL 721—2015	术语	2.0.3 安全设施"三同时"是指工程安全设施，必须与主体工程同时设计、同时施工、同时投入生产和使用
	专项施工方案	7.3.1 施工单位应在施工前，对达到一定规模的危险性较大的单项工程编制专项施工方案；对于超过一定规模的危险性较大的单项工程，施工单位应组织专家对专项施工方案进行审查论证。 扫码学习 7.3.2 专项施工方案应包括下列内容：工程概况；编制依据；施工计划；施工工艺技术；施工安全保证措施；劳动力计划；设计计算书及相关图纸等。 7.3.3 专项施工方案应由施工单位技术负责人组织施工技术、安全、质量等部门的专业技术人员进行审核。经审核合格的，应由施工单位技术负责人签字确认。实行分包的，应由总承包单位和分包单位技术负责人共同签字确认。不需专家论证的专项施工方案，经施工单位审核合格后应报监理单位，由项目总监理工程师审核签字，并报项目法人备案。 7.3.4 超过一定规模的危险性较大的单项工程专项施工方案应由施工单位组织召开审查论证会。审查论证会应有下列人员参加：专家组成员；项目法人单位负责人或技术负责人；监理单位总监理工程师及相关人员；施工单位分管安全的负责人、技术负责人、项目负责人、项目技术负责人、专项施工方案编制人员、项目专职安全生产管理人员；勘察、设计单位项目技术负责人及相关人员等。 7.3.5 专家组应由5名及以上符合相关专业要求的专家组成，各参建单位人员不得以专家身份参加审查论证会。 7.3.9 施工单位应严格按照专项施工方案组织施工，不得擅自修改、调整专项施工方案。如因设计、结构、外部环境等因素发生变化确需修改的，修改后的专项施工方案应当重新审核。对于超过一定规模的危险性较大的单项工程的专项施工方案，施工单位应重新组织专家进行论证
	度汛安全管理	7.5.1 项目法人应组织制订工程度汛方案和超标准洪水应急预案。在建水利水电工程度汛方案和超标准洪水的应急预案应同时报地方政府防汛指挥机构和项目主管部门的防汛指挥机构批准或备案。 7.5.5 施工单位应根据批准的度汛方案和超标准洪水应急预案，制订防汛度汛及抢险措施，报项目法人批准，并按批准的措施落实防汛抢险队伍和防汛器材、设备等物资准备工作，做好汛期值班，保证汛情、工情、险情信息渠道畅通
	安全技术交底	7.6.2 工程开工前，施工单位技术负责人应就工程概况、施工方法、施工工艺、施工程序、安全技术措施和专项施工方案，向施工技术人员、施工作业队（区）负责人、工长、班组长和作业人员进行安全交底。

续表

项目		内容
《水利水电工程施工安全管理导则》SL 721—2015	安全技术交底	7.6.3 单项工程或专项施工方案施工前，施工单位技术负责人应组织相关技术人员、施工作业队（区）负责人、工长、班组长和作业人员进行全面、详细的安全技术交底。 7.6.4 各工种施工前，技术人员应进行安全作业技术交底。 7.6.5 每天施工前，班组长应向工人进行施工要求、作业环境的安全交底。 7.6.6 交叉作业时，项目技术负责人应根据工程进展情况定期向相关作业队和作业人员进行安全技术交底。 7.6.7 施工过程中，施工条件或作业环境发生变化的，应补充交底；相同项目连续施工超过一个月或不连续重复施工的，应重新交底
	其他从业人员的安全生产教育培训	8.3.1 施工单位对新进场的工人，必须进行公司、项目、班组三级安全教育培训，经考核合格后，方能允许上岗。三级安全教育培训应包括下列主要内容： （1）公司安全教育培训：国家和地方有关安全生产法律、法规、规章、制度、标准、企业安全管理制度和劳动纪律、从业人员安全生产权利和义务等；教育培训的时间不得少于15学时； （2）项目安全教育培训：工地安全生产管理制度、安全职责和劳动纪律、个人防护用品的使用和维护、现场作业环境特点、不安全因素的识别和处理、事故防范等；教育培训的时间不得少于15学时； （3）班组安全教育培训：本工种的安全操作规程和技能、劳动纪律、安全作业与职业卫生要求、作业质量与安全标准、岗位之间衔接配合注意事项、危险点识别、事故防范和紧急避险方法等；培训教育的时间不得少于20学时。 8.3.5 施工单位采用新技术、新工艺、新设备、新材料时，应根据技术说明书、使用说明书、操作技术要求等，对有关作业人员进行安全生产教育培训
	设施设备安全管理	9.1.4 施工单位设施设备投入使用前，应报监理单位验收。验收合格后，方可投入使用。进入施工现场设施设备的牌证应齐全、有效。 9.1.5 《特种设备安全法》规定的施工起重机械验收前，应经具备资质的检验检测机构检验。施工单位应自施工起重机械和整体提升脚手架、模板等自升式架设施验收合格之日起30日内，向建设行政主管部门或者其他有关部门登记。登记、检验结果应报监理单位备案。 9.2.10 施工单位使用外租施工设施设备时，应签订租赁合同和安全协议书，明确出租方提供的施工设施设备应符合国家相关的技术标准和安全使用条件，确定双方的安全责任
《建设工程安全生产管理条例》		第二十二条 施工单位对列入建设工程概算的安全作业环境及安全施工措施所需费用，应当用于施工安全防护用具及设施的采购和更新、安全施工措施的落实、安全生产条件的改善，不得挪作他用。 第二十四条 建设工程实行施工总承包的，由总承包单位对施工现场的安全生产负总责。总承包单位应当自行完成建设工程主体结构的施工。总承包单位依法将建设工程分包给其他单位的，分包合同中应当明确各自的安全生产方面的权利、义务。总承包单位和分包单位对分包工程的安全生产承担连带责任。分包单位应当服从总承包单位的安全生产管理，分包单位不服从管理导致生产安全事故的，由分包单位承担主要责任。 第二十八条 施工单位应当在施工现场入口处、施工起重机械、临时用电设施、脚手架、出入通道口、楼梯口、电梯井口、孔洞口、桥梁口、隧道口、基坑边沿、爆破物及有害危险气体和液体存放处等危险部位，设置明显的安全警示标志。 第二十九条 施工单位应当将施工现场的办公、生活区与作业区分开设置，并保持安全距离；办公、生活区的选址应当符合安全性要求。职工的膳食、饮水、休息场所等应当符合卫生标准。施工单位不得在尚未竣工的建筑物内设置员工集体宿舍。 第三十二条 施工单位应当向作业人员提供安全防护用具和安全防护服装，并书面告知危险岗位的操作规程和违章操作的危害。作业人员有权对施工现场的作业条件、作业程序和作业方式中存在的安全问题提出批评、检举和控告，有权拒绝违章指挥和强令冒险作业。在施工中发生危及人身安全的紧急情况时，作业人员有权立即停止作业或者在采取必要的应急措施后撤离危险区域。 第三十八条 施工单位应当为施工现场从事危险作业的人员办理意外伤害保险。意外伤害保险费由施工单位支付。实行施工总承包的，由总承包单位支付意外伤害保险费。意外伤害保险期限自建设工程开工之日起至竣工验收合格止

续表

项目	内容
《企业安全生产费用计提和使用管理办法》	第六条　地质勘探单位安全费用按地质勘查项目或者工程总费用的 2% 提取。 　　第七条　建设工程施工企业以建筑安装工程造价为计提依据。各建设工程类别安全费用提取标准如下:(1)矿山工程为 2.5%;(2)房屋建筑工程、水利水电工程、电力工程、铁路工程、城市轨道交通工程为 2.0%;(3)市政公用工程、冶炼工程、机电安装工程、化工石油工程、港口与航道工程、公路工程、通信工程为 1.5%。建设工程施工企业提取的安全费用列入工程造价,在竞标时,不得删减,列入标外管理。国家对基本建设投资概算另有规定的,从其规定。总包单位应当将安全费用按比例直接支付分包单位并监督使用,分包单位不再重复提取。 　　第十九条　建设工程施工企业安全费用应当按以下范围使用:(1)完善、改造和维护安全防护设施设备支出;(2)配备、维护、保养应急救援器材、设备支出和应急演练支出;(3)开展重大危险源和事故隐患评估、监控和整改支出;(4)安全生产检查、评价(不包括新建、改建、扩建项目安全评价)、咨询和标准化建设支出;(5)配备和更新现场作业人员安全防护用品支出;(6)安全生产宣传、教育、培训支出;(7)安全生产适用的新技术、新标准、新工艺、新装备的推广应用支出;(8)安全设施及特种设备检测检验支出;(9)其他与安全生产直接相关的支出

3. 监理单位的安全生产责任

《水利工程建设安全生产管理规定（2019 年修正）》第十四条规定，建设监理单位和监理人员应当按照法律、法规和工程建设强制性标准实施监理，并对水利工程建设安全生产承担<u>监理责任</u>。建设监理单位应当审查施工组织设计中的<u>安全技术措施</u>或者<u>专项施工方案</u>是否符合工程建设强制性标准。建设监理单位在实施监理过程中，<u>发现存在生产安全事故隐患的</u>，<u>应当要求施工单位整改</u>；对情况严重的，<u>应当要求施工单位暂时停止施工</u>，<u>并及时向水行政主管部门、流域管理机构或者其委托的安全生产监督机构以及项目法人报告</u>。

4. 其他单位的安全生产责任

其他单位的安全生产责任，见表 5-3。

其他单位的安全生产责任　　　　　　　　　　　　　　表 5-3

项目	内容
勘察（测）单位的安全生产责任	《水利工程建设安全生产管理规定（2019 年修正）》规定: 　　第十二条　勘察（测）单位应当按照法律、法规和工程建设强制性标准进行勘察（测），提供的勘察（测）文件必须真实、准确，满足水利工程建设安全生产的需要。勘察（测）单位在勘察（测）作业时，应当严格执行操作规程，采取措施保证各类管线、设施和周边建筑物、构筑物的安全。勘察（测）单位和有关勘察（测）人员应当对其勘察（测）成果负责
设计单位的安全生产责任	《水利工程建设安全生产管理规定（2019 年修正）》规定: 　　第十三条　设计单位应当按照法律、法规和工程建设强制性标准进行设计，并考虑项目周边环境对施工安全的影响，防止因设计不合理导致生产安全事故的发生。设计单位应当考虑施工安全操作和防护的需要，对涉及施工安全的重点部位和环节在设计文件中注明，并对防范生产安全事故提出指导意见。采用新结构、新材料、新工艺以及特殊结构的水利工程，设计单位应当在设计中提出保障施工作业人员安全和预防生产安全事故的措施建议。设计单位和有关设计人员应当对其设计成果负责。设计单位应当参与<u>与设计有关的生产安全事故分析</u>，并承担相应的责任
机械设备和配件提供单位的安全责任	《水利工程建设安全生产管理规定（2019 年修正）》规定: 　　第十五条　为水利工程提供机械设备和配件的单位，应当按照安全施工的要求提供机械设备和配件，配备齐全有效的保险、限位等安全设施和装置，提供有关安全操作的说明，保证其提供的<u>机械设备和配件</u>等产品的<u>质量</u>和安全性能达到国家有关技术标准

【想对考生说】

上述知识点为考生需要掌握的内容，可能会考查项目法人的安全生产责任、施工单位的安全生产责任、监理单位的安全生产责任等。

【历年这样考】

【2020年真题】

施工单位承担江北取水口加压泵站工程施工，该泵站设计流量5.0m³/s。站内安装4台卧式双吸离心泵和1台最大起重量为16t的常规桥式起重机，泵站纵剖面，如图5-1所示。泵站墩墙、排架及屋面混凝土模板及脚手架均采用落地式钢管支撑体系。施工场区地面高程为28.00m，施工期地下水位为25.10m，施工单位采用管井法降水，保证基坑地下水位在建基面以下；泵站基坑采用放坡式开挖，开挖边坡1:2。

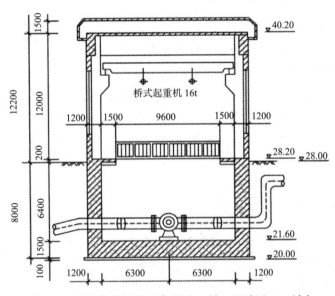

图5-1　泵站纵剖面图（高程以m计，尺寸以mm计）

施工过程中发生如下事件：

事件1：工程施工前，项目法人组织专家论证会，对超过一定规模的危险性较大的单项工程专项施工方案进行审查论证。

事件2：专家组成员包括该项目的项目法人技术负责人、总监理工程师、运行管理单位负责人、设计项目负责人以及其他施工单位技术人员2名和2名高校专业技术人员。会后施工单位根据审查论证报告修改完善专项施工方案，经项目法人技术负责人审核签字后组织实施。

事件3：在进行屋面施工时，泵室四周土方已回填至28.00m高程。某天夜间在进行屋面混凝土浇筑施工时，1名工人不慎从脚手架顶部坠地死亡，发生高处坠落事故。

【问题】

1. 根据《水利水电工程施工安全管理导则》SL 721—2015，背景资料中超过一定规模的危险性较大的单项工程包括哪些？

2. 根据《水利水电工程施工安全管理导则》SL 721—2015，指出事件1中的不妥之处，简要说明正确做法。

3. 根据《水利水电工程施工安全管理导则》SL 721—2015，指出事件2中的不妥之处，说明理由。

4. 根据《水利部生产安全事故应急预案（试行）》，生产安全事故共分为哪几级？事件3中的生产安全事故属于哪一级？

【参考答案】

1. 超过一定规模的危险性较大的单项工程有：基坑降水、基坑开挖、模板支撑工程。

2. 事件1中的不妥之处：项目法人组织专家论证会。

正确做法：施工单位还应当组织专家进行论证、审查。

3. 事件2中的不妥之处及理由：

（1）不妥之处一：专家组成员包括该项目的项目法人技术负责人、总监理工程师、运行管理单位负责人、设计项目负责人以及其他施工单位技术人员2名和2名高校专业技术人员。

理由：专家组应由5名及以上符合相关专业要求的专家组成，各参建单位人员不得以专家身份参加审查论证会。

（2）不妥之处二：会后施工单位根据审查论证报告修改完善专项施工方案，经项目法人技术负责人审核签字后组织实施。

理由：施工单位应根据审查论证报告修改完善专项施工方案，经施工单位技术负责人、总监理工程师、项目法人单位负责人审核签字后，方可组织实施。

4. 根据《水利部生产安全事故应急预案（试行）》，生产安全事故共分为四级。

事件3中的生产安全事故属于一般事故。

> **【想对考生说】**
>
> 1. 本案例问题1考查的是超过一定规模的危险性较大的单项工程的判断。解题依据是《水利水电工程施工安全管理导则》SL 721—2015附录A中第A.0.2条规定。
>
> 2. 本案例问题2考查的是专项施工方案的论证。解题依据是《水利水电工程施工安全管理导则》SL 721—2015的第7.3.1条、第7.3.4条规定。
>
> 3. 本案例问题3考查的是专项施工方案的论证。根据《水利水电工程施工安全管理导则》SL 721—2015的第7.3.5条、第7.3.8条规定。
>
> 4. 本案例问题4考查的是生产安全事故分级。根据《水利部生产安全事故应急预案（试行）》中附录1事故分级标准：

（1）特别重大事故，是指造成 30 人以上死亡，或者 100 人以上重伤（包括急性工业中毒，下同），或者直接经济损失 1 亿元以上的事故。

（2）重大事故，是指造成 10 人以上 30 人以下死亡，或者 50 人以上 100 人以下重伤，或者直接经济损失 5000 万元以上 1 亿元以下的事故。

（3）较大事故，是指造成 3 人以上 10 人以下死亡，或者 10 人以上 50 人以下重伤，或者直接经济损失 1000 万元以上 5000 万元以下的事故。

（4）一般事故，是指造成 3 人以下死亡，或者 3 人以上 10 人以下重伤，或者直接经济损失 100 万元以上 1000 万元以下的事故。

背景资料中告知：1 名工人不慎从脚手架顶部坠地死亡，因此事件 3 中的生产安全事故属于一般事故。

【还会这样考】

某高土石坝坝体施工项目，业主与施工总承包单位签订了施工总承包合同，并委托了工程监理单位实施监理。

施工总承包完成桩基工程后，将深基坑支护工程的设计委托给了专业设计单位，并自行决定将基坑的支护和土方开挖工程分包给了一家专业分包单位施工。专业设计单位根据业主提供的勘察报告完成了基坑支护设计后，即将设计文件直接给了专业分包单位，专业分包单位在收到设计文件后编制了基坑支护工程和降水工程专项施工组织方案，施工组织方案经施工总承包单位项目经理签字后即由专业分包单位组织了施工。

专业分包单位在施工过程中，由负责质量管理工作的施工人员兼任现场安全生产监督工作。土方开挖到接近基坑设计标高时，总监理工程师发现基坑四周地表出现裂缝，即向施工总承包单位发出书面通知，要求停止施工，并要求立即撤离现场施工人员，查明原因后再恢复施工，但总承包单位认为地表裂缝属正常现象没有予以理睬。不久基坑发生严重坍塌，并造成 4 名施工人员被掩埋，其中 3 人死亡，1 人重伤。

事故发生后，专业分包单位立即向有关安全生产监督管理部门上报了事故情况。经事故调查组调查，造成坍塌事故的主要原因是地质勘查资料中未标明地下存在古河道，基坑支护设计中未能考虑这一因素。事故中直接经济损失 80 万元，于是专业分包单位要求设计单位赔偿事故损失 80 万元。

【问题】

1. 根据《水利工程建设安全生产管理规定（2019 年修正）》，施工单位应对哪些达到一定规模的危险性较大的工程编制专项施工方案？

2. 本事故应定为哪种等级的事故？

3. 这起事故的主要责任人是哪一方？并说明理由。

【参考答案】

1. 根据《水利工程建设安全生产管理规定（2019年修正）》，施工单位应对下列达到一定规模的危险性较大的工程编制专项施工方案，并附具安全验算结果，经施工单位技术负责人签字以及总监理工程师核签后实施，由专职安全生产管理人员进行现场监督：（1）基坑支护与降水工程；（2）土方和石方开挖工程；（3）模板工程；（4）起重吊装工程；（5）脚手架工程；（6）拆除、爆破工程；（7）围堰工程；（8）其他危险性较大的工程。

2. 本起事故中3人死亡，1人重伤，事故应定为较大事故。

3. 本起事故的主要责任应由施工总承包单位承担。

在总监理工程师发出书面通知要求停止施工的情况下，施工总承包单位继续施工，直接导致事故的发生，所以本起事故的主要责任应由施工总承包单位承担。

> **【想对考生说】**
>
> 1. 本案例问题1考查的是编制专项施工方案。答题依据是《水利工程建设安全生产管理规定（2019年修正）》第二十三条规定。
>
> 2. 本案例问题2考查的是事故等级分类。答题依据是《生产安全事故报告和调查处理条例》第三条规定。
>
> 3. 本案例问题3考查的是施工阶段质量控制方法中的旁站监理。答题依据是《建设工程安全生产管理条例》第二十四条规定，建设工程实行施工总承包的，由总承包单位对施工现场的安全生产负总责。

第二节　施工安全技术与现场安全管理

【考生必掌握】

1. 《安全生产法（2021年修正）》中作业人员安全管理规定

《安全生产法（2021年修正）》中作业人员安全管理规定，见表5-4。

《安全生产法（2021年修正）》中作业人员安全管理规定　　　　　　　表5-4

项目	内容
生产经营单位的安全生产保障	第二十四条　矿山、金属冶炼、建筑施工、道路运输单位和危险物品的生产、经营、储存、装卸单位，应当设置安全生产管理机构或者配备专职安全生产管理人员。 前款规定以外的其他生产经营单位，从业人员超过一百人的，应当设置安全生产管理机构或者配备专职安全生产管理人员；从业人员在一百人以下的，应当配备专职或者兼职的安全生产管理人员。 第二十六条　生产经营单位不得因安全生产管理人员依法履行职责而降低其工资、福利等待遇或者解除与其订立的劳动合同。

续表

项目	内容
生产经营单位的安全生产保障	第二十八条　生产经营单位使用被派遣劳动者的，应当将被派遣劳动者纳入本单位从业人员统一管理，对被派遣劳动者进行岗位安全操作规程和安全操作技能的教育和培训。劳务派遣单位应当对被派遣劳动者进行必要的安全生产教育和培训。 第四十二条　生产、经营、储存、使用危险物品的车间、商店、仓库不得与员工宿舍在同一座建筑物内，并应当与员工宿舍保持安全距离。 生产经营场所和员工宿舍应当设有符合紧急疏散要求、标志明显、保持畅通的出口、疏散通道。禁止占用、锁闭、封堵生产经营场所或者员工宿舍的出口、疏散通道。 第五十五条　从业人员发现直接危及人身安全的紧急情况时，有权停止作业或者在采取可能的应急措施后撤离作业场所。 生产经营单位不得因从业人员在前款紧急情况下停止作业或者采取紧急撤离措施而降低其工资、福利等待遇或者解除与其订立的劳动合同
从业人员的安全生产权利义务	第五十二条　生产经营单位与从业人员订立的劳动合同，应当载明有关保障从业人员劳动安全、防止职业危害的事项，以及依法为从业人员办理工伤保险的事项。 生产经营单位不得以任何形式与从业人员订立协议，免除或者减轻其对从业人员因生产安全事故伤亡依法应承担的责任。 第五十五条　从业人员发现直接危及人身安全的紧急情况时，有权停止作业或者在采取可能的应急措施后撤离作业场所。 生产经营单位不得因从业人员在前款紧急情况下停止作业或者采取紧急撤离措施而降低其工资、福利等待遇或者解除与其订立的劳动合同。 第五十六条　因生产安全事故受到损害的从业人员，除依法享有工伤保险外，依照有关民事法律尚有获得赔偿的权利的，有权向本单位提出赔偿要求
安全生产的监督管理	第七十条　负有安全生产监督管理职责的部门依法对存在重大事故隐患的生产经营单位作出停产停业、停止施工、停止使用相关设施或者设备的决定，生产经营单位应当依法执行，及时消除事故隐患。生产经营单位拒不执行，有发生生产安全事故的现实危险的，在保证安全的前提下，经本部门主要负责人批准，负有安全生产监督管理职责的部门可以采取通知有关单位停止供电、停止供应民用爆炸物品等措施，强制生产经营单位履行决定。通知应当采用书面形式，有关单位应当予以配合。 负有安全生产监督管理职责的部门依照前款规定采取停止供电措施，除有危及生产安全的紧急情形外，应当提前二十四小时通知生产经营单位。生产经营单位依法履行行政决定、采取相应措施消除事故隐患的，负有安全生产监督管理职责的部门应当及时解除前款规定的措施

2. 脚手架工程、模板工程安全控制的规定

脚手架工程、模板工程安全控制的规定，见表5-5。

脚手架工程、模板工程安全控制的规定 表5-5

项目	内容
《建筑施工扣件式钢管脚手架安全技术规范》JGJ 130—2011	2.1.1　扣件式钢管脚手架是指为建筑施工而搭设的、承受荷载的由扣件和钢管等构成的脚手架与支撑架，包含本规范各类脚手架与支撑架，统称脚手架。 2.1.9　扣件是指采用螺栓紧固的扣接连接件；包括直角扣件、旋转扣件、对接扣件。 7.4.2　单、双排脚手架拆除作业必须由上而下逐层进行，严禁上下同时作业；连墙件必须随脚手架逐层拆除，严禁先将连墙件整层或数层拆除后再拆脚手架；分段拆除高差大于两步时，应增设连墙件加固。 9.0.1　扣件式钢管脚手架安装与拆除人员必须是经考核合格的专业架子工。架子工应持证上岗。 9.0.2　搭拆脚手架人员必须戴安全帽、系安全带、穿防滑鞋。 9.0.4　钢管上严禁打孔。

续表

项目	内容
《建筑施工扣件式钢管脚手架安全技术规范》JGJ 130—2011	9.0.5 作业层上的施工荷载应符合设计要求，不得超载。不得将模板支架、缆风绳、泵送混凝土和砂浆的输送管等固定在架体上；严禁悬挂起重设备，严禁拆除或移动架体上安全防护设施。 9.0.8 当有六级强风及以上风、浓雾、雨或雪天气时应停止脚手架搭设与拆除作业。雨、雪后上架作业应有防滑措施，并应扫除积雪。 9.0.9 夜间不宜进行脚手架搭设与拆除作业。 9.0.11 脚手板应铺设牢靠、严实，并应用安全网双层兜底。施工层以下每隔 10m 应用安全网封闭。 9.0.12 单、双排脚手架、悬挑式脚手架沿架体外围应用密目式安全网全封闭，密目式安全网宜设置在脚手架外立杆的内侧，并应与架体绑扎牢固
《水利水电工程施工安全防护设施技术规范》SL 714—2015	3.2.7 脚手架的拆除应遵守下列规定：（1）在拆除物坠落范围的外侧应设有安全围栏与醒目的安全标志，设置专人警戒，无关人员严禁逗留和通过。（2）脚手架拆除作业前，应将电气设备，其他管线路，机械设备等拆除或加以保护。（3）脚手架拆除时，应统一指挥，按顺序自上而下地进行，严禁上下层同时拆除或自下而上地进行。严禁用将整个脚手架推倒的方法进行拆除。（4）拆下的材料，严禁往下抛掷，应用绳索捆牢，用滑车卷扬等方法慢慢放下，集中堆放在指定地点。（5）三级、特级高处作业及悬空高处作业使用的脚手架拆除时，应事先制定可靠的安全措施才能进行拆除。 3.3.6 排架、井架、施工用电梯、大坝廊道、隧洞等出入口和上部有施工作业的通道，应设有防护棚，其长度应超过可能坠落范围，宽度不应小于通道的宽度。当可能坠落的高度超过 24m 时，应设双层防护棚。 3.10.10 载人提升机械应设置以下安全装置，并保持灵敏可靠：（1）上限位装置（上限位开关）。（2）上极限限位装置（越程开关）。（3）下限位装置（下限位开关）。（4）断绳保护装置。（5）限速保护装置。（6）超载保护装置

3. 爆破器材、爆破作业的安全控制

爆破器材、爆破作业的安全控制，见表 5-6。

爆破器材、爆破作业的安全控制　　　　　　　　　　　　　　　　表 5-6

	《水利水电工程施工通用安全技术规程》SL 398—2007
术语	2.0.4 "四不放过"指在事故处理中坚持事故原因未查清不放过、责任人未处理不放过、整改措施未落实不放过、有关人员未受到教育不放过。 2.0.5 隐患指可能导致事故发生的物品危险状态、人的不安全行为及管理上的缺陷
职业卫生与环境保护	3.4.7 砂石料的破碎、筛分、混凝土拌和楼、金属结构制作厂等噪声严重的施工设施，不应布置在居民区、工厂、学校、生活区附近。因条件限制时，应采取降噪措施，使运行时噪声排放符合规定标准。 3.4.9 产生粉尘、噪声、毒物等危害因素的作业场所，应实行评价监测和定期监测制度，对超标的作业环境应及时治理。评价监测应由取得职业卫生技术服务资质的机构承担，并按规定定期检测。生产使用周期在 2 年以上的大中型人工砂石料生产系统、混凝土生产系统，正式投产前应进行评价监测。 3.4.10 粉尘、毒物、噪声、辐射等定期监测可由建设单位或施工单位实施，也可委托职业卫生技术服务机构监测，并遵守下列规定：（1）粉尘作业区至少每季度测定一次粉尘浓度，作业区浓度严重超标应及时监测；并采取可靠的防范措施。（2）毒物作业点至少每半年测定一次，浓度超过最高允许浓度的测点应及时测定，直至浓度降至最高允许浓度以下。（3）噪声作业点至少每季度测定一次 A 声级，每半年进行一次频谱分析。（4）辐射每年监测一次，特殊情况及时监测。 3.4.13 施工生产弃渣应运放到指定地点倾倒，集中处理，不应乱丢乱放。

《水利水电工程施工通用安全技术规程》SL 398—2007	
职业卫生与环境保护	3.4.14 土石方施工中装运渣土、破碎、填筑宜采取湿式降尘措施。 3.4.15 水泥搬运、装卸、拆包、进出料、拌和应采取密封措施，减少向大气排放水泥粉尘。 3.4.17 施工废水、生活污水应符合污水综合排放标准。砂石料系统废水宜经沉淀池沉淀等处理后回收利用
消防	3.5.4 根据施工生产防火安全的需要，合理布置消防通道和各种防火标志，消防通道应保持通畅，宽度不应小于 3.5m。 3.5.5 宿舍、办公室、休息室内严禁存放易燃易爆物品，未经许可不得使用电炉。利用电热的车间、办公室及住室，电热设施应有专人负责管理
防汛	3.7.9 堤防工程防汛抢险，应遵循前堵后导、强身固脚、减载平压、缓流消浪的原则
文明施工	3.9.3 文明施工，采取有效措施控制尘、毒、噪声等危害，废渣、污水处理符合规定标准
现场保卫	3.10.5 施工现场施工人员的管理，应实行"谁用工、谁负责"的原则，用人单位对临时务工人员应当依照有关规定严格审查，证件齐全方可雇用。 3.10.6 施工现场应在建设单位的领导下，依据工程规模和地理环境，实施封闭管理，建立施工现场控制区。配置相应的安全防范设施和警示标志，以及专职保卫人员
配电箱、开关箱与照明	4.5.10 一般场所宜选用额定电压为 220V 的照明器，对下列特殊场所应使用安全电压照明器： （1）地下工程，有高温、导电灰尘，且灯具距地面高度低于 2.5m 等场所的照明，电源电压不应大于 36V。 （2）在潮湿和易触及带电体场所的照明电源电压不应大于 24V。 （3）在特别潮湿的场所、导电良好的地面、锅炉或金属容器内工作的照明电源电压不应大于 12V
高处作业	5.2.3 高处作业前，应检查排架、脚手板、通道、马道、梯子和防护设施，符合安全要求方可作业。高处作业使用的脚手架平台应铺设固定脚手板，临边缘处应设高度不低于 1.2m 的防护栏杆。 5.2.7 高处作业使用的工具、材料等，不应掉下。严禁使用抛掷方法传送工具、材料。小型材料或工具应该放在工具箱或工具袋内
脚手架	5.3.1 脚手架应根据施工荷载经设计确定，施工常规负荷量不应超过 3.0kPa。脚手架搭成后，须经施工及使用单位技术、质检、安全部门按设计和规范检查验收合格，方准投入使用。 5.3.5 脚手架安装搭设应严格按设计图纸实施，遵循自下而上、逐层搭设、逐层加固、逐层上升的原则。 5.3.20 平台脚手板铺设，应遵守下列规定：（1）脚手板应满铺，与墙面距离不应大于 20cm，不应有空隙和探头板。（2）脚手板搭接长度不应小于 20cm。（3）对头搭接时，应架设双排小横杆，其间距不大于 20cm，不应在跨度间搭接。 5.3.23 拆除架子时，应统一指挥，按顺序自上而下地进行，严禁上下层同时拆除或自下而上地进行。严禁用将整个脚手架推倒的方法进行拆除
门座式（塔式）起重机	6.5.21 运行中，若遇突然停电或发生其他故障时，应设法将吊件下落着地，不应停留空中。 6.5.23 停机时应将臂杆落到最大幅度位置，转至顺风方向，空钩升至距臂杆顶端 2～3m 处，并将起重机停到安全的位置，将每个控制器拨回零位，依次断开各开关，锁紧夹轨器，断开外部电源，经检查无误后，关门上锁，打开高空指示灯
爆破器材与爆破作业	8.1.4 从事爆破工作的单位，应建立严格的爆破器材领发、清退制度、工作人员的岗位责任制、培训制度以及重大爆破技术措施的审批制度。 8.1.5 爆破器材应储存于专用仓库内。除特殊情况下，经当地公安机关批准，派出所备案宜在专用仓库以外的地点少量存放爆破器材。 8.2.1 地面库房或药堆与住宅区或村庄边缘的最小外部距离不应小于表 5-7 中的规定。

续表

《水利水电工程施工通用安全技术规程》SL 398—2007

地面库房或药堆与住宅区或村庄边缘的最小外部距离　　　　表5-7

存药量（t）	150～200	100～150	50～100	30～50	20～30	10～20	5～10	≤5
最小外部距离（m）	1000	900	800	700	600	500	400	300

8.3.2 爆破器材装卸应遵守下列规定：

（1）搬运装卸作业宜在白天进行，炎热的季节宜在清晨或傍晚进行。如需在夜间装卸爆破器材时，装卸场所应有充足的照明，并只允许使用防爆安全灯照明，禁止使用油灯、电石灯、汽灯、火把等明火照明。

（2）搬运时应谨慎小心，轻搬轻放，不应冲击、撞碰、拉拖、翻滚和投掷。严禁在装有爆破材料的容器上踩踏。

（3）同一车上不应装运两类性质相抵触的爆破器材，且不应与其货物混装。雷管等起爆器材与炸药不允许同时在同一车厢或同一地点装卸。

8.3.5 爆破器材领用：（1）使用爆破器材应遵守严格的领取、清退制度。领取数量不应超过当班使用量，剩余的要当天退回。（2）应指定专人（爆破员）负责爆破器材的领取工作，禁止非爆破员领取爆破器材。（3）严禁任何单位和个人私拿、私用、私藏、赠送、转让、转卖、转借爆破器材。严禁使用爆破器材炸鱼、炸兽。（4）严禁使用非标准和过期产品，选用爆破器材要适合环境的要求。

8.3.6 爆破器材销毁：

（1）对运输、保管不当，质量可疑及储存过期的爆炸器材，均应按有关规定进行检验。经检验变质和过期失效的不合格爆破器材，应及时清理出库，予以销毁。销毁前要登记造册，提出实施方案，报上级主管部门批准，并向所在地县、市公安局备案，在县、市公安局指定的适当地点妥善销毁。销毁后应有两名以上销毁人员签名，并建立台账及销毁档案。

（2）销毁工作应做好以下事项：①销毁工作应有专人负责组织指挥，单位领导、安全技术人员以及公安保卫人员参加，并指派有经验的人员进行销毁作业。②销毁爆破器材应选择在天气较好的白天进行，禁止在暴风、雷雨、大雪天或风向不定的天气或夜晚进行。③销毁前，应在销毁地区设置安全警戒人员；禁止一切无关人员和车辆进入危险区。

8.4.4 装药前，非爆破作业人员和机械设备均应撤离至指定的安全地点或采取防护措施。撤离之前不应将爆破器材运到工作面。

8.4.6 当井内无关工作人员未撤离工作面时，严禁爆破器材下井。

8.4.8 利用电雷管起爆的作业区，加工房以及接近起爆电源线路的任何人，均严禁携带不绝缘的手电筒，以防引起爆炸。

8.4.13 装药和堵塞应使用木、竹制作的炮棍。严禁使用金属棍棒装填。

8.4.16 暗挖放炮，自爆破器材进洞开始，即通知有关单位施工人员撤离，并在安全地点设警戒员。禁止非爆破工作人员进入。

8.4.17 地下相向开挖的两端在相距30m以内时，装炮前应通知另一端暂停工作，退到安全地点。当相向开挖的两端相距15m时，一端应停止掘进，单头贯通。斜井相向开挖，除遵守上述规定外，并应对距贯通尚有5m长地段自上端向下打通。

8.4.18 起爆前，应将剩余爆破器材撤出现场，运回药库，严禁藏放于工地

爆破器材与爆破作业

【想对考生说】

上述知识点为考生需要掌握的内容，可能会考查分析判断并改正或者说明理由类型的题目，还有可能涉及简述类型的题目。

【还会这样考】

某二级泵站交通洞口明挖打钻作业中，当班所用48kg炸药及其他爆破器材由自卸汽车运到现场，并由炮工魏某某、杨某某负责现场放炮作业。张某某安排警戒任务后，就奔向自己负责的弃渣场方向，并告诉负责车辆保养的李某某避炮。炮响后解除警戒，当班的队长刘某某等未见张某某返回作业现场，后经寻找，发现张某某倒在停车场的装载机汽车之间，送往医院抢救，经医院确认张某某已经死亡。

据现场勘察，张某某是站在距爆破面180m处的装载机与自卸汽车之间，两车的侧门面对爆破方向，一块约1kg重的碎石砸在自卸汽车车斗外壁上，反弹打在张某某头上，造成严重头部伤害而死亡。

【问题】

1. 分析发生事故的原因。

2. 在运输爆破器材时有无违规之处？具体有哪些运输要求？

3. 爆破作业安全警戒主要有哪些要求？

【参考答案】

1. 根据施工安全有关方面的规定，露天爆破安全警戒距离半径应达到300m，而张某某却停留在距爆破点仅180m的危险范围内，且没有把自己隐蔽起来（据分析是站在两车之间）。

2. 运输爆破器材时采用自卸汽车违反了禁用普通工具运输的要求。运输爆破器材的具体要求有：押运员和警卫；按指定线路；不得在人多处或岔口停留；有帆布覆盖并设警示；他人不得乘坐；禁用普通工具运输；车底垫软垫。

3. 爆破作业安全警戒的要求主要有：爆破作业须统一指挥、统一信号，划定安全警戒区，明确安全警戒人员，爆破后经炮工进行检查，对暗挖石方爆破，须经过通风，恢复照明、安全处理后方可进行其他工作。

【想对考生说】

1. 本案例问题1考查的是爆破安全距离。答题依据是《水利水电工程施工通用安全技术规程》SL 398—2007第8.5.5条规定。

2. 本案例问题2考查的是爆破器材管理。答题依据是《水利水电工程施工通用安全技术规程》SL 398—2007第8.3.3条规定。

3. 本案例问题3考查的是爆破作业安全警戒的要求。答题依据是《水利水电工程施工通用安全技术规程》SL 398—2007第3.1.12、8.4.15、8.4.16条规定。

第三节　施工安全风险分级管控及隐患排查治理

【考生必掌握】

本节内容主要涉及的法规《安全生产事故隐患排查治理暂行规定》《水利工程生产安全重大事故隐患判定标准（试行）》《水利水电工程施工安全管理导则》SL 721—2015、《水利水电工程施工危险源辨识与风险评价导则（试行）》相关规定。

1. 施工危险源辨识

施工危险源辨识，见表5-8。

施工危险源辨识　　　　　　　　　　　　　　　　　　　　　　表 5-8

项目	内容
危险源类别、级别与风险等级	《水利水电工程施工危险源辨识与风险评价导则（试行）》规定： 2.1 危险源分五个类别，分别为施工作业类、机械设备类、设施场所类、作业环境类和其他类。 **【考生这样记】** 源分五类，是为施工机械作业场所与其他。 2.2 危险源分两个级别，分别为重大危险源和一般危险源。 2.3 危险源的风险等级分为四级，由高到低依次为重大风险、较大风险、一般风险和低风险。危险源的风险等级，见表5-9。

危险源的风险等级　　　　　　　　　　　　　　　表 5-9

风险等级	危害程度	概率	危险等级	管控主体	监督
重大风险	大	大	极其危险	法人组织监理、施工	主管部门重点监督
		中			
较大风险	中	中	高度危险	监理组织施工	项目法人
		小			
一般风险	小	中	中度危险	施工单位	监理单位
低风险	小	小	轻度危险	施工单位	

项目	内容
危险源辨识	《水利水电工程施工危险源辨识与风险评价导则（试行）》规定： 3.3 危险源辨识可采取直接判定法、安全检查表法、预先危险性分析法及因果分析法等方法。 3.5 各单位应定期开展危险源辨识，当有新规程规范发布（修订），或施工条件、环境、要素或危险源致险因素发生较大变化，或发生生产安全事故时，应及时组织重新辨识

2. 施工危险源风险评价

《水利水电工程施工危险源辨识与风险评价导则（试行）》规定，危险源的风险等级评价可采取直接评定法、安全检查表法、作业条件危险性评价法（LEC）等方法，推荐使用作业条件危险性评价法（LEC）。

作业条件危险性评价法中危险性大小值 D 按下式计算：

$$D=LEC$$

式中，D 为危险性大小值；L 为发生事故或危险事件的可能性大小；E 为人体暴露于危险环境的频率；C 为危险严重程度。

危险源风险等级划分以作业条件危险性大小 D 值作为标准，按表 5-10 的规定确定。

作业条件危险性评价法危险性等级划分标准　　　　　　表 5-10

D 值区间	危险程度	风险等级
$D > 320$	极其危险，不能继续作业	重大风险
$320 \geqslant D > 160$	高度危险，需立即整改	较大风险
$160 \geqslant D > 70$	一般危险（或显著危险），需要整改	一般风险
$D \leqslant 70$	稍有危险，需要注意（或可以接受）	低风险

【想对考生说】

上述知识点为考生需要掌握的内容，可能会考查分析判断并改正或者说明理由类型的题目，还有可能涉及简述类型的题目。

3. 生产安全事故隐患排查

生产安全事故隐患排查，见表 5-11。

生产安全事故隐患排查　　　　　　表 5-11

项目	内容
安全生产事故隐患分级	《安全生产事故隐患排查治理暂行规定》规定： 　第三条　本规定所称安全生产事故隐患（以下简称事故隐患），是指生产经营单位违反安全生产法律、法规、规章、标准、规程和安全生产管理制度的规定，或者因其他因素在生产经营活动中存在可能导致事故发生的物的危险状态、人的不安全行为和管理上的缺陷。 　事故隐患分为一般事故隐患和重大事故隐患。一般事故隐患，是指危害和整改难度较小，发现后能够立即整改排除的隐患。重大事故隐患，是指危害和整改难度较大，应当全部或者局部停产停业，并经过一定时间整改治理方能排除的隐患，或者因外部因素影响致使生产经营单位自身难以排除的隐患
水利工程建设项目重大隐患判定	《水利工程生产安全重大事故隐患判定标准（试行）》 　1.4 水利工程生产安全重大事故隐患判定分为直接判定法和综合判定法，应先采用直接判定法，不能用直接判定法的，采用综合判定法判定。 　3.1 直接判定 　符合《水利工程建设项目生产安全重大事故隐患直接判定清单（指南）》中的任何一条要素的，可判定为重大事故隐患。

续表

项目	内容
水利工程建设项目重大隐患判定	 扫码学习 3.2 综合判定 　　符合《水利工程建设项目生产安全重大事故隐患综合判定清单（指南）》重大隐患判据的，可判定为重大事故隐患。 　　根据《水利工程建设项目生产安全重大事故隐患综合判定清单（指南）》，综合判断定的基础条件： 　　（1）安全教育和培训不到位或相关岗位人员未持证上岗。 　　（2）安全管理制度、安全操作规程和应急预案不健全。 　　（3）未按规定组织开展安全检查和隐患排查治理。 　　《水利工程建设项目生产安全重大事故隐患综合判定清单（指南）》，见表5-12。

《水利工程建设项目生产安全重大事故隐患综合判定清单（指南）》 表5-12

专项工程—临时用电	
隐患内容	重大事故隐患判据
配电线路电线绝缘破损、带电金属导体外露	满足全部基础条件＋任意3项隐患
专用接零保护装置不符合规范要求或接地电阻达不到要求	
漏电保护器的漏电动作时间或漏电动作电流不符合规范要求	
配电箱无防雨措施	
配电箱无门、无锁	
配电箱无工作零线和保护零线接线端子板	
交流电焊机未设置二次侧防触电保护装置	
一闸多用	
专项工程—深基坑（槽）	
隐患内容	重大事故隐患判据
基坑（槽）周边1米范围内随意堆物、停放设备	满足全部基础条件＋任意2项隐患
基坑（槽）顶无排水设施	
变形观测资料不全	
其他	
隐患内容	重大事故隐患判据
有度汛要求的工程，工程进度不满足度汛要求	满足全部基础条件＋任意1项隐患
人员集中区域（场所、设施）的活动无应急措施	
采用国家明令淘汰的危及生产安全的工艺、设备	

续表

项目	内容
重大隐患治理程序	《水利水电工程施工安全管理导则》SL 721—2015 规定： 11.2.3 重大事故隐患治理方案由施工单位主要负责人组织制订，经监理单位审核，报项目法人同意后实施。项目法人应将重大事故隐患治理方案报项目主管部门和安全生产监督机构备案。 11.2.5 责任单位在事故隐患治理过程中，应采取相应的安全防范措施，防止事故发生。 11.2.6 事故隐患治理完成后，项目法人应组织对重大事故隐患治理情况进行验证和效果评估，并签署意见，报项目主管部门和安全生产监督机构备案

【还会这样考】

某水库枢纽工程由主坝、副坝、溢洪道、电站及灌溉引水洞等建筑物组成。水库总库容 $5.84 \times 10^8 m^3$，电站装机容量 6.0MW；主坝为黏土心墙土石坝，最大坝高 90.3m；灌溉引水洞引水流量 45m³/s；溢洪道控制段共 5 孔，每孔净宽 15.0m。工程施工过程中发生如下事件：

事件 1：为加强工程施工安全生产管理，根据《水利水电工程施工安全管理导则》SL 721—2015 等有关规定，项目法人组织制定了安全目标管理制度、安全设施"三同时"管理制度等多项安全生产管理制度；并对施工单位安全生产许可证、"三类人员"安全生产考核合格证及特种作业人员持证上岗等情况进行核查。

事件 2：工程开工前，施工单位根据《水利水电工程施工危险源辨识与风险评价导则（试行）》，对各单位工程的危险源分别进行了辨识和评价。

【问题】

1. 指出本水库枢纽工程的等别、电站主要建筑物和临时建筑物的级别以及本工程施工项目负责人应具有的建造师级别。

2. 根据《水利工程建设安全生产管理规定》和《水利水电工程施工安全管理导则》SL 721—2015，说明事件 1 中"三类人员"和"三同时"所代表的具体内容。

3. 根据《水利水电工程施工危险源辨识与风险评价导则（试行）》，简述危险源的风险等级。

【参考答案】

1. 枢纽工程等别为 II 等，电站主要建筑物级别为 2 级、临时建筑物级别为 4 级，项目负责人应具有建造师级别为一级。

2.（1）"三类人员"是指：施工单位的主要责任人、项目负责人、专职安全生产管理人员。

（2）"三同时"是指：工程安全设施与主体工程应同时设计、同时施工、同时生产和投入使用。

3. 根据《水利水电工程施工危险源辨识与风险评价导则（试行）》，危险源的风险等级分为四级，由高到低依次为重大风险、较大风险、一般风险和低风险。

【想对考生说】

1．本案例问题1考查的是本水库枢纽工程的等别、电站主要建筑物和临时建筑物的级别、本工程施工项目负责人应具有的建造师级别。解题依据是《水利水电工程等级划分及洪水标准》SL 252—2017 的规定。第3.0.1条规定，水利水电工程的等别，应根据其工程规模、效益和在经济社会中的重要性，按表5-13确定。

水利水电工程分等指标　　　　　　　　　　　　　　　　　　　表 5-13

工程等别	工程规模	水库总库容（$10^8 m^3$）	防洪			治涝	灌溉	供水		发电
			保护人口（10^4人）	保护农田面积（10^4亩）	保护区当量经济规模（10^4人）	治涝面积（10^4亩）	灌溉面积（10^4亩）	供水对象重要性	年引水量（$10^8 m^3$）	发电装机容量（MW）
I	大（1）型	≥10	≥150	≥500	≥300	≥200	≥150	特别重要	≥10	≥1200
II	大（2）型	<10,≥1.0	<150,≥50	<500,≥100	<300,≥100	<200,≥60	<150,≥50	重要	<10,≥3	<1200,≥300
III	中型	<1.0,≥0.10	<50,≥20	<100,≥30	<100,≥40	<60,≥15	<50,≥5	比较重要	<3,≥1	<300,≥50
IV	小（1）型	<0.1,≥0.01	<20,≥5	<30,≥5	<40,≥10	<15,≥3	<5,≥0.5	一般	<1,≥0.3	<50,≥10
V	小（2）型	<0.01,≥0.001	<5	<5	<10	<3	<0.5		<0.3	<10

注：1.水库总库容指水库最高水位以下的静库容；治涝面积指设计治涝面积；灌溉面积指设计灌溉面积；年引水量指供水工程渠首设计年均引（取）水量。

2.保护区当量经济规模指标仅限于城市保护区；防洪、供水中的多项满足1项即可。

3.按供水对象的重要性确定工程等别时，该工程应为供水对象的主要水源。

因本水库枢纽工程水库总库容 $5.84×10^8 m^3$，电站装机容量 6.0MW，因此本枢纽工程等别为II等。

4.2.1 水库及水电站工程的永久性水工建筑物级别，应根据其所在工程的等别和永久性水工建筑物的重要性，按表5-14确定。

永久性水工建筑物级别　　　　　　　　　　　　　　　　　　　表 5-14

工程等别	主要建筑物	次要建筑物
I	1	3

续表

工程等别	主要建筑物	次要建筑物
Ⅱ	2	3
Ⅲ	3	4
Ⅳ	4	5
Ⅴ	5	5

因本枢纽工程等别为Ⅱ等，因此电站主要建筑物级别为2级。

4.8.1 水利水电工程施工使用的临时性挡水、泄水等水工建筑物的级别，应根据保护对象、失事后果、使用年限和临时性挡水建筑物规模，按表5-15确定。

因本枢纽工程电站主要建筑物级别为2级，临时建筑物级别为4级。

根据《注册建造师执业管理办法（试行）》第五条规定，大中型工程施工项目负责人必须由本专业注册建造师担任。一级注册建造师可担任大、中、小型工程施工项目负责人，二级注册建造师可以承担中、小型工程施工项目负责人。

因枢纽工程等别为Ⅱ等，工程规模为大（2）型，因此项目负责人应具有建造师级别为一级。

临时性挡水建筑物级别 表 5-15

级别	保护对象	失事后果	使用年限（年）	临时性挡水建筑物规模	
				围堰高度（m）	库容（10^8m^3）
3	有特殊要求的1级永久性水工建筑物	淹没重要城镇、工矿企业、交通干线或推迟工程总工期及第一台（批）机组发电，推迟工程发挥效益，造成重大灾害和损失	> 3	> 50	> 1.0
4	1级、2级永久性水工建筑物	淹没一般城镇、工矿企业或影响工程总工期和第一台（批）机组发电，推迟工程发挥效益，造成较大经济损失	≤3, ≥1.5	≤50, ≥15	≤1.0, ≥0.1
5	3级、4级永久性水工建筑物	淹没基坑，但对总工期及第一台（批）机组发电影响不大，对工程发挥效益影响不大，经济损失较小	< 1.5	< 15	< 0.1

2．本案例问题2考查的是三类人员、三同时。答题依据是根据《水利工程建设安全生产管理规定》和《水利水电工程施工安全管理导则》SL 721—2015。

3．本案例问题3考查的是危险源的风险等级。答题依据是根据《水利水电工程施工危险源辨识与风险评价导则（试行）》第2.3条规定。

第四节 安全生产应急管理

【想对考生说】

对于本节的内容，考生主要掌握《生产安全事故应急预案管理办法》《水利部生产安全事故应急预案（试行）》的规定，下面将可能会涉及的知识总结一下。

【考生必掌握】

一、应急预案的编制

根据《生产安全事故应急预案管理办法》规定：

第十三条 生产经营单位风险种类多、可能发生多种类型事故的，应当组织编制综合应急预案。

综合应急预案应当规定应急组织机构及其职责、应急预案体系、事故风险描述、预警及信息报告、应急响应、保障措施、应急预案管理等内容。

第十四条 对于某一种或者多种类型的事故风险，生产经营单位可以编制相应的专项应急预案，或将专项应急预案并入综合应急预案。

专项应急预案应当规定应急指挥机构与职责、处置程序和措施等内容。

第十五条 对于危险性较大的场所、装置或者设施，生产经营单位应当编制现场处置方案。

现场处置方案应当规定应急工作职责、应急处置措施和注意事项等内容。

事故风险单一、危险性小的生产经营单位，可以只编制现场处置方案。

二、应急预案的实施

根据《生产安全事故应急预案管理办法》规定：

第三十二条 各级人民政府应急管理部门应当至少每两年组织一次应急预案演练，提高本部门、本地区生产安全事故应急处置能力。

第三十三条 生产经营单位应当制定本单位的应急预案演练计划，根据本单位的事故风险特点，每年至少组织一次综合应急预案演练或者专项应急预案演练，每半年至少组织一次现场处置方案演练。

三、水利工程应急响应分级

《水利部生产安全事故应急预案（试行）》规定：

根据水利生产安全事故级别和发展态势，将水利部应对部直属单位（工程）生产安全事故应急响应设定为一级、二级、三级三个等级。

（1）发生特别重大生产安全事故，启动一级应急响应；

（2）发生重大生产安全事故，启动二级应急响应；

（3）发生较大生产安全事故，启动三级应急响应。

水利部直属单位（工程）发生一般生产安全事故或较大涉险事故，由安全监督司会同相关业务司局、单位跟踪事故处置进展情况，通报事故处置信息。

四、水利工程直属单位（工程）生产安全事故应急响应流程

根据《水利部生产安全事故应急预案（试行）》，直属单位（工程）生产安全事故应急响应流程，如图5-2所示。

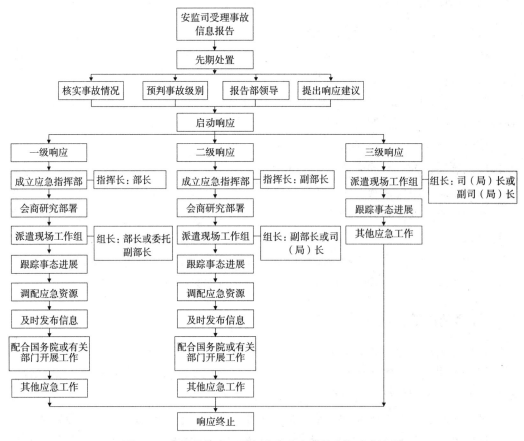

图5-2　直属单位（工程）生产安全事故应急响应流程

五、水利工程地方生产安全事故应急响应流程

根据《水利部生产安全事故应急预案（试行）》，地方生产安全事故应急响应流程，如图5-3所示。

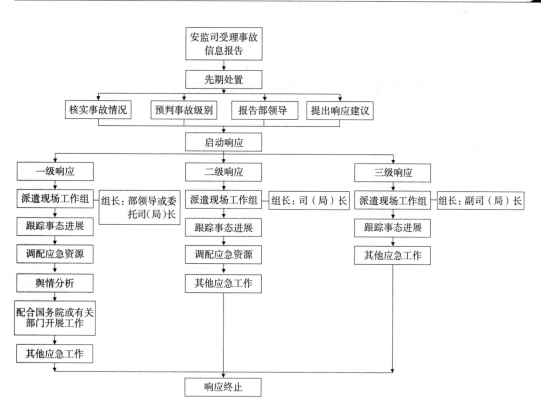

图 5-3　地方生产安全事故应急响应流程

【还会这样考】

某水轮发电机组安装工程，施工单位考虑到该工程风险种类多，可能发生多种类型事故的，组织编制了综合应急预案，并规定了应急预案演练的计划。

【问题】

综合应急预案应当规定哪些内容？综合应急预案至少多长时间演练一次？

【参考答案】

综合应急预案应当规定应急组织机构及其职责、应急预案体系、事故风险描述、预警及信息报告、应急响应、保障措施、应急预案管理等内容。

每年至少组织一次综合应急预案演练。

【想对考生说】

考核知识点主要是：需要编制哪类应急预案，具体包括哪些内容，如何进行演练等。

第五节　生产安全事故调查与处理

【考生必掌握】

1. 事故等级划分

《生产安全事故报告和调查处理条例》第三条规定，根据生产安全事故（以下简称事故）造成的人员伤亡或者直接经济损失，事故等级划分，见表5-16。

事故等级划分　　　　　　　　　　　　　　　　　　　　　　　　表5–16

事故等级 损失内容	特别重大事故	重大事故	较大事故	一般事故
死亡	30（含本数，下同）人以上	10人以上30人以下	3人以上10人以下	3人以下
或者重伤（包括急性工业中毒，下同）	100人以上	50人以上100人	10人以上50人以下	3人以上10人以下
或者直接经济损失	1亿元以上	5000万元以上1亿元以下	1000万元以上5000万元以下	100万元以上1000万元以下

2. 事故报告

《生产安全事故报告和调查处理条例》规定：

第九条　事故发生后，事故现场有关人员应当立即向本单位负责人报告；单位负责人接到报告后，应当于1小时内向事故发生地县级以上人民政府安全生产监督管理部门和负有安全生产监督管理职责的有关部门报告。情况紧急时，事故现场有关人员可以直接向事故发生地县级以上人民政府安全生产监督管理部门和负有安全生产监督管理职责的有关部门报告。

第十条　安全生产监督管理部门和负有安全生产监督管理职责的有关部门接到事故报告后，应当依照下列规定上报事故情况，并通知公安机关、劳动保障行政部门、工会和人民检察院：

（1）特别重大事故、重大事故逐级上报至国务院安全生产监督管理部门和负有安全生产监督管理职责的有关部门；

（2）较大事故逐级上报至省、自治区、直辖市人民政府安全生产监督管理部门和负有安全生产监督管理职责的有关部门；

（3）一般事故上报至设区的市级人民政府安全生产监督管理部门和负有安全生产监督管理职责的有关部门。

安全生产监督管理部门和负有安全生产监督管理职责的有关部门依照前款规定上

报事故情况，应当同时报告本级人民政府。国务院安全生产监督管理部门和负有安全生产监督管理职责的有关部门以及省级人民政府接到发生特别重大事故、重大事故的报告后，应当立即报告国务院。

必要时，安全生产监督管理部门和负有安全生产监督管理职责的有关部门可以越级上报事故情况。

第十一条　安全生产监督管理部门和负有安全生产监督管理职责的有关部门逐级上报事故情况，每级上报的时间不得超过2小时。

第十二条　报告事故应当包括下列内容：（1）事故发生单位概况；（2）事故发生的时间、地点以及事故现场情况；（3）事故的简要经过；（4）事故已经造成或者可能造成的伤亡人数（包括下落不明的人数）和初步估计的直接经济损失；（5）已经采取的措施；（6）其他应当报告的情况。

3．事故调查

《生产安全事故报告和调查处理条例》规定：

第十九条　特别重大事故由国务院或者国务院授权有关部门组织事故调查组进行调查。重大事故、较大事故、一般事故分别由事故发生地省级人民政府、设区的市级人民政府、县级人民政府负责调查。省级人民政府、设区的市级人民政府、县级人民政府可以直接组织事故调查组进行调查，也可以授权或者委托有关部门组织事故调查组进行调查。未造成人员伤亡的一般事故，县级人民政府也可以委托事故发生单位组织事故调查组进行调查。

第二十条　上级人民政府认为必要时，可以调查由下级人民政府负责调查的事故。自事故发生之日起30日内（道路交通事故、火灾事故自发生之日起7日内），因事故伤亡人数变化导致事故等级发生变化，依照本条例规定应当由上级人民政府负责调查的，上级人民政府可以另行组织事故调查组进行调查。

第三十条　事故调查报告应当包括下列内容：（1）事故发生单位概况；（2）事故发生经过和事故救援情况；（3）事故造成的人员伤亡和直接经济损失；（4）事故发生的原因和事故性质；（5）事故责任的认定以及对事故责任者的处理建议；（6）事故防范和整改措施。事故调查报告应当附具有关证据材料。事故调查组成员应当在事故调查报告上签名。

4．事故处理

《生产安全事故报告和调查处理条例》规定：

第三十二条　重大事故、较大事故、一般事故，负责事故调查的人民政府应当自收到事故调查报告之日起15日内做出批复；特别重大事故，30日内做出批复，特殊情况下，批复时间可以适当延长，但延长的时间最长不超过30日。有关机关应当按照人民政府的批复，依照法律、行政法规规定的权限和程序，对事故发生单位和有关人员进行行政处罚，对负有事故责任的国家工作人员进行处分。事故发生单位应当按照负责事故调查的人民政府的批复，对本单位负有事故责任的人员进行处理。负有事故责任的人员涉嫌犯罪的，依法追究刑事责任。

【想对考生说】

上述知识点为考生需要掌握的内容，可能会考查分析判断并改正或者说明理由类型的题目，还有可能涉及简述类型的题目。

【还会这样考】

某渡槽工程脚手架工程，施工过程中发生如下事件：

事件1：在脚手架拆除过程中，发生坍塌事故，造成施工人员3人死亡、5人重伤、7人轻伤。事故发生后，总监理工程师立即签发工程暂停令，并在2小时后向监理单位负责人报告了事故情况。

事件2：由建设单位负责采购的一批钢筋进场后，施工单位发现其规格型号与合同约定不符，项目监理机构按程序对这批钢筋进行了处置。

【问题】

1. 按照《生产安全事故报告和调查处理条例》，确定事件1中的事故等级。指出总监理工程师做法的不妥之处，写出正确做法。

2. 事件2中，项目监理机构应如何处置该批钢筋？

【参考答案】

1.（1）坍塌事故造成施工人员3人死亡、5人重伤、7人轻伤，因此按照《生产安全事故报告和调查处理条例》，事件3中的事故等级属于较大事故。

（2）总监理工程师做法的不妥之处：事故发生后，总监理工程师立即签发工程暂停令，并在2小时后向监理单位负责人报告了事故情况。

正确做法：应在事故发生后立即向监理单位负责人报告。

2. 事件2中，项目监理机构对该批钢筋的处置方式：报告建设单位，经建设单位同意后与施工单位协商，能够用于本工程的，按程序办理相关手续；不能用于本工程的，要求限期清出现场。

【想对考生说】

1. 本案例问题1考查的是生产安全事故等级及事故报告时间。解题依据是《生产安全事故报告和调查处理条例》第三条、第十一条规定。

2. 本案例问题2考查的是进入施工现场不符合合同约定的材料的处置方式。项目监理机构报告建设单位，经建设单位同意后与施工单位协商，能够用于本工程的，按程序办理相关手续；不能用于本工程的，要求限期清出现场。

第六章 水利工程投资控制

第一节　合同计量与支付

【考生必掌握】

根据《水利工程工程量清单计价规范》GB 50501—2007、《水利水电工程标准施工招标文件（2009 年版）》，下面详细阐述工程量清单、工程量计量的内容。

一、工程量清单

工程量清单仅是投标人投标报价的共同基础。除另有约定外，工程量清单中的工程量是根据招标设计图纸按《水利工程工程量清单计价规范》GB 50501—2007 计算规则计算的用于投标报价的估算工程量，不作为最终结算工程量。最终结算工程量是承包人实际完成并符合技术标准和要求（合同技术条款）和《水利工程工程量清单计价规范》GB 50501—2007 计算规则等规定，按施工图纸计算的有效工程量。【2020 年案例五第 5 问】

工程量清单由分类分项工程量清单、措施项目清单、其他项目清单和零星工作项目清单组成。

（1）分类分项工程量清单

①分为水利建筑工程工程量清单（14 类）和水利安装工程工程量清单（3 类）。

②分类分项工程量清单编码采用十二位阿拉伯数字表示，一至九位为统一编码，一、二位为水利工程顺序码，三、四位为专业工程顺序码，五、六位为分类工程顺序码，七、八、九位为分项工程顺序码，十至十二位为清单项目名称顺序码。

③分类分项工程量清单计价采用工程单价计价。对有效工程量以外的超挖、超填工程量，施工附加量，加工损耗量等，所消耗的人工、材料和机械费用，均应摊入相应有效工程量的工程单价中。

二、措施项目清单

发生于该工程项目施工前和施工过程中招标人<u>不要求列明工程量</u>的项目；包括大型施工设备安拆费、小型临时工程、环境保护、安全防护措施、文明施工、施工企业进退场费等。

以每一项措施项目为单位，<u>按项计价</u>。

三、其他项目清单

其他项目清单中<u>暂列金额和暂估价</u>两项，指招标人为可能发生合同变更而预留的金额和暂定项目。暂列金额一般可为<u>分类分项工程项目和措施项目合价的 5%</u>。

①暂估价：<u>在工程招标阶段已经确定材料、工程设备或工程项目，但又无法在当时确定准确价格，而可能影响招标效果</u>，可由发包人在工程量清单中给定一个暂估价。

②暂列金额：指招标人在工程量清单中暂定并包括在合同价款中的一笔款项。用于施工合同签订时<u>尚未确定或者不可预见</u>的所需材料、设备、服务的采购，施工中可能发生的工程变更、合同约定调整因素出现时的工程价款调整以及发生的索赔、现场签证确认等的费用。

③暂估价项目管理。暂估价项目管理的内容，见表 6-1。

暂估价项目管理的内容   表 6-1

项目	内容
必须招标的暂估价项目	（1）若承包人不具备承担暂估价项目的能力或具备承担暂估价项目的能力但明确不参与投标的，由<u>发包人和承包人组织招标</u>。 （2）若承包人具备承担暂估价项目能力且明确参与投标，由发包人组织招标。 （3）暂估价项目中标金额与工程量清单中所列金额差以及相应的税金等其他费用列入合同价格
不招标的暂估价项目	（1）给定暂估价材料和工程设备不属于依法必须招标的范围或未达到规定规模标准的，应由承包人提供。 （2）给定暂估价的专业工程不属于依法必须招标的范围或未达到规定的规模标准的，由监理人按照变更处理原则进行估价，但专用合同条款另有约定的除外。 经监理人确认的材料、工程设备的价格，经估价的专业工程与工程量清单中所列的暂估价的金额差以及相应的税金等其他费用列入合同价格

四、零星工作项目清单

指完成招标人提出的零星工作项目所需的<u>人工、材料、机械单价</u>，也称"计日工"。

零星工作项目清单列出人工（按工种）、材料（按名称和规格型号）、机械（按名称和规格型号）的计量单位，单价由投标人确定。

【想对考生说】

工程量清单的内容在 2020 年的考试中进行了考查，考生要将其上述内容掌握。

【历年这样考】

【2022年真题】

某水利施工合同规定,发包人和承包人按照《水利水电工程标准施工招标文件(2009年版)》签订了施工合同。合同规定:实际完成工程量超出已标价工程量清单15%的,超出部分调整系数为0.95;低于已标价工程量清单15%的,总体价格调整系数为1.05。

施工过程中发生如下事件:

事件1:截止到9月计量日,施工单位已完成混凝土浇筑1860m³,监理认定已合格的混凝土工程量为1430m³,由于承包人原因超挖而超灌混凝土460m³。

事件2:工作A实际完成工程量为17600m³,已标价的工程量清单工程量为14200m³,单价为60元/m³。

事件3:施工单位采购螺杆,直接费为77.80元/根,间接费率9%,利润5%,税金9%。

事件4:某项目施工单位未填报单价和总价,施工完成后报监理单位申请工程计量及支付工程款。

【问题】

1. 事件1中,监理单位应计量的工程量是多少?说明理由。

2. 事件2中,应支付工作A的工程款多少万元?

3. 事件3中,计算单根螺杆的间接费、利润、税金和单价。

4. 事件4中,监理机构应如何处理?说明理由。

(计算结果保留两位小数)

【参考答案】

1. 监理单位应计量的工程量 =1430−460=970m³。

理由:施工过程中增加的超挖量和施工附加量所发生的费用,应摊入有效工程量的工程单价中,不再另行支付。

2. 由于14200×(1+15%)=16330m³ < 17600m³,应调价。

应支付工作A工程款 =16330×60+(17600−16330)×60×0.95=105.22万元。

3. 间接费 = 直接费 ×9%=77.80×9%=7.00元/根。

利润 =(直接费+间接费)×5%=(77.80+7.00)×5%=4.24元/根。

税金 =(直接费+间接费+利润)×9%=(77.80+7.00 + 4.24)×9%=8.01元/根。

单价 = 直接费+间接费+利润+税金 =77.80+7.00+4.24+8.01=97.05元/根。

4. 监理机构应不予计量和支付工程款。

理由:施工单位未填写的单价和合价,视为此项费用已包含在工程量清单的其他单价和合价中。

【还会这样考】

某工程圆形平洞石方开挖，隧道长度为6090m，平洞设计衬砌后内径为6.0m，混凝土衬砌厚度为50cm，平均超挖16cm。衬砌混凝土的配合比，见表6-2。

混凝土的配合比				表6-2
混凝土强度等级	P·O 42.5（kg）	卵石（m³）	砂（m³）	水（kg）
C25	289	0.81	0.49	150

【问题】

1. 计算洞挖石方设计开挖量和混凝土衬砌量。

2. 计算预计开挖出渣量。

3. 假设综合损耗率为6%，则该隧洞混凝土衬砌工作应准备多少水泥（t）、卵石（m³）、砂（m³）？

（计算结果保留两位小数）

【参考答案】

1. 计算洞挖石方设计开挖量和混凝土衬砌量：

（1）设计开挖断面面积 $S = 3.14 \times (6.0/2 + 0.5)^2 = 38.47 \text{m}^2$

（2）洞挖石方设计开挖工程量 $V = SL = 38.47 \times 6090 = 234282.30 \text{m}^3$

（3）设计混凝土衬砌量 $= 3.14 \times [(6.0/2 + 0.5)^2 - (6.0/2)^2] \times 6090 = 62148.45 \text{m}^3$

2. 计算预计开挖出渣量：

预计开挖出渣量 $= 3.14 \times (3.0 + 0.5 + 0.16)^2 \times 6090 = 256158.70 \text{m}^3$

3. 假设综合损耗率为6%，则该隧洞混凝土衬砌工作中水泥、卵石、砂的消耗量计算：

（1）施工混凝土衬砌量 $= 3.14 \times [(3.0 + 0.5 + 0.16)^2 - 3^2] \times 6090 = 84055.30 \text{m}^3$

（2）预计混凝土消耗量 $= 84055.30 \times (1 + 6\%) = 89098.62 \text{m}^3$

（3）预计水泥消耗量 $= 89098.62 \times 289/1000 = 25749.50 \text{t}$

（4）预计卵石消耗量 $= 89098.62 \times 0.81 = 72169.88 \text{m}^3$

（5）预计砂消耗量 $= 89098.62 \times 0.49 = 43658.32 \text{m}^3$

【想对考生说】

1. 本案例问题1考查了洞挖石方设计开挖量和混凝土衬砌量计算。本案例主要考查《水利工程工程量清单计价规范》GB 50501—2007工程量的计算。根据隧洞的断面尺寸以及隧洞长度确认设计开挖量和混凝土衬砌量。注意，设计开挖量的计算不包含实际施工超挖部分工程量。

设计开挖量 = 开挖面积 × 隧洞长度 = （设计断面面积 + 衬砌面积）× 隧洞长度

混凝土衬砌量 = 衬砌面积 × 隧洞长度

2．本案例问题2考查了预计出渣量。预计出渣量则需要考虑实际施工超挖的工程量。

预计出渣量＝（开挖面积＋超挖面积）×隧洞长度

3．本案例问题3考查了预计混凝土消耗量及根据配合比确定砂石料耗量的计算。注意到对于施工超挖造成的开挖断面与设计断面的尺寸差，需要使用混凝土衬砌以保证最终成洞断面与设计断面一致。预计的混凝土消耗量需要另外考虑综合损耗率。最后根据题干中混凝土的配合比和预计混凝土消耗量计算出水泥、卵石、砂的耗量。

预计混凝土消耗量＝（衬砌面积＋超挖面积）×隧洞长度×（1＋综合损耗率）

五、工程款支付

【考生必掌握】

1．工程预付款【2020年案例五第1问】

《水利水电工程标准施工招标文件（2009年版）》通用合同条款规定：预付款用于承包人为合同工程施工购置材料、工程设备、施工设备、修建临时设施以及组织施工队伍进场等。分为工程预付款和工程材料预付款。

（1）工程预付款：

①工程预付款的额度：包工包料的工程，原则上预付比例不低于合同金额（扣除暂列金额）的10%，不高于合同金额（扣除暂列金额）的30%；对重大工程项目，按年度工程计划逐年预付。实行工程量清单计价的工程，实体性消耗和非实体性消耗部分应在合同中分别约定预付款比例（或金额）。

②工程预付款的扣还：工程预付款在合同累计完成金额达到签约合同价的百分比时开始扣款，直至合同累计完成金额达到签约合同价的百分比时全部扣清。工程预付款扣回的金额为：

$$R = \frac{A}{(F_2 - F_1)\,S}(C - F_1 S)$$

式中　R——每次进度付款中累计扣回的金额；

A——工程预付款总金额；

S——签约合同价；

C——合同累计完成金额；

F_1——开始扣款时合同累计完成金额达到签约合同价格的比例；

F_2——全部扣清时合同累计完成金额达到签约合同价格的比例。

（2）工程材料预付款：工程材料预付款金额一般可以材料发票上费用的

75% ~ 90% 为限，以计入进度付款凭证的方式支付，也可预先一次支付。材料预付款也是发包人以无息贷款形式，在月支付工程的同时，专供给承包人的一笔用以购置材料与设备的价款。

2. 工程进度付款【2020 年案例五第 2 问】

工程进度付款是按照工程施工进度分阶段地对承包人支付的一种付款方式，如月结算、分阶段结算或发包人、承包人在合同中约定的其他方式。在施工合同中应明确约定付款周期，《水利水电工程标准施工招标文件（2009 年版）》通用合同条款规定，付款周期同计量周期。在施工承包合同中，一般规定按月支付。

《水利水电工程标准施工招标文件（2009 年版）》通用合同条款的规定：承包人应在每个付款周期末，按监理人批准的格式和专用合同条款约定的份数，向监理人提交进度付款申请单，并附相应的支持性证明文件。除专用合同条款另有约定外，进度付款申请单应包括下列内容：

（1）截至本次付款周期末已实施工程的价款。

（2）按合同约定应增加和扣减的变更金额。

（3）按合同约定应增加和扣减的索赔金额。

（4）按合同约定应支付的预付款和扣减的返还预付款。

（5）按合同约定应扣减的质量保证金。

（6）根据合同应增加和扣减的其他金额。

发包人应在监理人收到进度付款申请单后的 28 天内，将进度应付款支付给承包人。发包人不按期支付的，按专用合同条款的约定支付逾期付款违约金。

3. 质量保证金【2020 年案例五第 3 问】

根据《水利水电工程标准施工招标文件（2009 年版）》：

17.4.1 监理人应从第一个工程进度付款周期开始，在发包人的进度付款中，按专用合同条款的约定扣留质量保证金，直至扣留的质量保证金总额达到专用合同条款约定的金额或比例为止。质量保证金的计算额度不包括预付款的支付与扣回金额。

17.4.2 合同工程完工证书颁发后 14 天内，发包人将质量保证金总额的一半支付给承包人。在第 1.1.4.5 条约定的缺陷责任期（工程质量保修期）满时，发包人将在 30 个工作日内会同承包人按照合同约定的内容核实承包人是否完成保修责任。如无异议，发包人应当在核实后将剩余的质量保证金支付给承包人。

4. 合同解除后的付款

根据《水利水电工程标准施工招标文件（2009 年版）》：

22.1.3 承包人违约解除合同

监理人发出整改通知 28 天后，承包人仍不纠正违约行为，发包人可向承包人发出解除合同通知。合同解除后，发包人可派员进驻施工场地，另行组织人员或委托其他承包人施工。发包人因继续完成该工程需要，有权扣留使用承包人在现场的材料、设备和临时设施。但发包人的这一行动不免除承包人应承担的违约责任，也不影响发包人根据合同约定享有的索赔权利。

22.1.4 承包人合同解除后的估价、付款和结清

（1）合同解除后，监理人按第 3.5 款商定或确定承包人实际完成工作的价值，以及承包人已提供的材料、施工设备、工程设备和临时工程等的价值。

（2）合同解除后，发包人应暂停对承包人的一切付款，查清各项付款和已扣款金额，包括承包人应支付的违约金。

（3）合同解除后，发包人应按第 23.4 款的约定向承包人索赔由于解除合同给发包人造成的损失。

（4）合同双方确认上述往来款项后，出具最终结清付款证书，结清全部合同款项。

（5）发包人和承包人未能就解除合同后的结清达成一致而形成争议的，按第 24 款的约定办理。

22.2.4 发包人解除合同后的付款

因发包人违约解除合同的，发包人应在解除合同后 28 天内向承包人支付下列金额，承包人应在此期限内及时向发包人提交要求支付下列金额的有关资料和凭证：

（1）合同解除日以前所完成工作的价款；

（2）承包人为该工程施工订购并已付款的材料、工程设备和其他物品的金额。发包人付款后，该材料、工程设备和其他物品归发包人所有；

（3）承包人为完成工程所发生，而发包人未支付的金额；

（4）承包人撤离施工场地以及遣散承包人人员的金额；

（5）由于解除合同应赔偿的承包人损失；

（6）按合同约定在合同解除日前应支付给承包人的其他金额。

发包人应按本项约定支付上述金额并退还质量保证金和履约担保，但有权要求承包人支付应偿还给发包人的各项金额。

24.1 发包人和承包人在履行合同中发生争议的，可以友好协商解决或者提请争议评审组评审。合同当事人友好协商解决不成、不愿提请争议评审或者不接受争议评审组意见的，可在专用合同条款中约定下列一种方式解决：（1）向约定的仲裁委员会申请仲裁；（2）向有管辖权的人民法院提起诉讼。

【想对考生说】

工程款支付的内容在 2020 年案例分析考试中完整考查了一个案例题，上述内容考生要重点掌握，尤其是相关公式，一定要牢记。

【历年这样考】

【2020 年真题】

某堤防工程施工招标文件依据《水利水电工程标准施工招标文件（2009 年版）》编制。经公开招标，发包人与承包人签订了施工合同，签约合同价 3000 万元，其中暂

列金额 126 万元，计划工期 4 个月。合同签订前，承包人按招标文件规定提交了履约保证金。工程施工期间第 1 ~ 4 个施工月发生的工程费用，见表 6-3。

第 1 ~ 4 个施工月发生的工程费用统计表（单位：万元）　　　表 6-3

费用明细	施工月			
	第 1 月	第 2 月	第 3 月	第 4 月
清单项目	300	800	1200	700
材料款（发票金额）	200			
变更项目		100	150	
索赔项目		20		

事件 1：工程预付款为签约合同价的 10%，合同签订后一次性支付，合同约定按公式（预付款扣回公式）扣还，在合同累计完成合同金额达到签约合同价的 30% 时开始扣还，累计完成金额达到签约合同价的 70% 时扣完。

事件 2：工程材料预付款按进场材料发票票面金额的 90%，与当月进度款同期支付，从支付的次月开始平均扣还，三个月扣完。

事件 3：质量保证金按专用合同条款约定为签约合同价的 3%，在完工结算时一次性扣留。

事件 4：某土方工程子目已标价工程量清单工程量为 11200m³，依据施工图图纸计算的工程量为 10800m³，工程完工时累计计量的工程量为 12000m³。

【问题】

1. 列式计算本工程应支付的预付款。

2. 列式计算本工程第 2 个月的进度付款。

3. 列式计算本工程应扣留的质量保证金。

4. 事件 4 中该土方工程子目完工结算应计量的工程量是多少？并说明理由。（计算结果保留两位小数）

【参考答案】

1. 计算本工程应支付的预付款：

（1）工程预付款 =3000×10%=300 万元

（2）材料预付款 =200×90%=180 万元

（3）应支付的预付款 =300+180=480 万元

2. 计算本工程第 2 个月的进度付款：

（1）第 2 个月扣除工程预付款 =300×（300+800+100-3000×30%）/[（70%-30%）×3000]=75 万元

（2）第 2 个月扣除材料预付款 =180/3=60 万元

（3）第 2 个月进度付款 =800+100+20－75－60=785 万元

3．本工程应扣留的质量保证金 =3000×3%=90 万元

4．应计量的工程量为 10800m³。

理由：工程量清单仅是投标人投标报价的共同基础。除另有约定外，工程量清单中的工程量是根据招标设计图纸按《水利工程工程量清单计价规范》GB 50501—2007 计算规则计算的用于投标报价的估算工程量，不作为最终结算工程量。最终结算工程量是承包人实际完成并符合技术标准和要求（合同技术条款）和《水利工程工程量清单计价规范》GB 50501—2007 计算规则等规定，按施工图纸计算的有效工程量。

【想对考生说】

1．本案例问题 1 考查了工程预付款的计算。根据《水利水电工程标准施工招标文件（2009 年版）》通用条款规定，签约合同价指签订合同时合同协议书中写明的，包括了暂列金额、暂估价的合同总金额。预付款用于承包人为合同工程施工购置材料、工程设备、施工设备、修建临时设施以及组织施工队伍进场等。分为工程预付款和工程材料预付款。

因此本题需要计算工程预付款和工程材料预付款。本题中，工程预付款 =签约合同价（已经告知）×10%，工程材料预付款 =进场材料发票票面金额×90%。计算出数值后，合计工程预付款和工程材料预付款之和就是本工程应支付的预付款数额。

2．本案例问题 2 考查了工程进度付款。《水利水电工程标准施工招标文件（2009 年版）》通用合同条款的规定：承包人应在每个付款周期末，按监理人批准的格式和专用合同条款约定的份数，向监理人提交进度付款申请单，并附相应的支持性证明文件。除专用合同条款另有约定外，进度付款申请单应包括下列内容：

（1）截至本次付款周期末已实施工程的价款。

（2）按合同约定应增加和扣减的变更金额。

（3）按合同约定应增加和扣减的索赔金额。

（4）按合同约定应支付的预付款和扣减的返还预付款。

（5）按合同约定应扣减的质量保证金。

（6）根据合同应增加和扣减的其他金额。

3．本案例问题 3 考查了质量保证金的扣留。《水利水电工程标准施工招标文件（2009 年版）》通用合同条款规定，监理人应从第一个工程进度付款周期开始，在发包人的进度付款中，按专用合同条款的约定扣留质量保证金，直至扣留的质量保证金总额达到专用合同条款约定的金额或比例为止。

4．本案例问题4考查了最终结算工程量。根据《水利水电工程标准施工招标文件（2009年版）》第5章工程量清单，工程量清单仅是投标人投标报价的共同基础。除另有约定外，工程量清单中的工程量是根据招标设计图纸按《水利工程工程量清单计价规范》GB 50501—2007计算规则计算的用于投标报价的估算工程量，不作为最终结算工程量。最终结算工程量是承包人实际完成并符合技术标准和要求（合同技术条款）和《水利工程工程量清单计价规范》GB 50501—2007计算规则等规定，按施工图纸计算的有效工程量。

第二节　合同价格调整

【考生必掌握】

根据《水利水电工程标准施工招标文件（2009年版）》通用合同条款中第16条价格调整的规定：

16.1.1.1 价格调整公式

因人工、材料和设备等价格波动影响合同价格时，根据投标函附录中的价格指数和权重表约定的数据，按以下公式计算差额并调整合同价格。

$$\Delta P = P_0 \left[A + \left(B_1 \frac{F_{t1}}{F_{01}} + B_2 \frac{F_{t2}}{F_{02}} + B_3 \frac{F_{t3}}{F_{03}} + \cdots + B_n \frac{F_{tn}}{F_{0n}} \right) - 1 \right]$$

式中　ΔP——需调整的价格差额；

P_0——付款证书中承包人应得到的已完成工程量的金额；此项金额不包括价格调整、不计质量保证金的扣留和支付、预付款的支付和扣回；变更及其他金额已按现行价格计价的，也不计在内；

A——定值权重（即不调部分的权重）；

B_1，B_2，B_3，…，B_n——各可调值因子的变值权重（即可调部分的权重），为各可调因子在投标函投标总报价中所占的比例；

F_{t1}，F_{t2}，F_{t3}，…，F_{tn}——各可调因子现行价格指数，指付款证书相关周期最后一天的前42天的各可调因子的价格指数；

F_{01}，F_{02}，F_{03}，…，F_{0n}——各可调因子基本价格指数，指基准日期各可调因子的价格指数。

以上价格调整公式中的各可调因子、定值和变值权重，以及基本价格指数及其来源在投标函附录价格指数和权重表中约定。价格指数应首先采用有关部门提供的价格指数，缺乏上述价格指数时，可采用有关部门提供的价格代替。

> **【想对考生说】**
> 考生要注意考核重点为上述公式中各字母代表的含义（现行价格指数除以基期价格指数）乘以变值权重。

【还会这样考】

某水利工程项目施工承包合同采用《水利水电工程标准施工招标文件（2009 年版）》的合同条款。合同中对因人工、材料和施工机械设备等价格波动因素对合同价的影响，采用通用合同条款 16.1 款规定的调价公式。合同中规定的定值权重 $A=0.15$，可调值因子的变值权重 B_n、基本价格指数 F_{0n} 和现行价格指数 F_{tn}，见表 6-4。

变值权重、价格指数 表 6-4

可调值因子	变值权重 B_n	基本价格指数 F_{0n}	现行价格指数 F_{tn}
材料	0.45	100	120
人工	0.25	150	168
施工机械设备	0.15	130	156

在合同实施过程中，某结算月完成工程量，按工程量清单中单价计算金额为 1000 万元；该月完成了监理工程师指令的工程变更，并经检验合格，由于工程量清单中没有与此工程变更相同或相近的项目，故根据实际情况协商结果，项目法人应支付变更项目金额为 150 万元；该月应支付材料预付款 100 万元；应扣质量保证金 30 万元。除此，无其他应扣或应支付款额。本月相应的各可调值因子的现行价格指数，见表 6-4。

【问题】

该月应支付给承包方的款额为多少？

【参考答案】

价格调整差额：

$$\Delta P = P_0 \left[A + \left(B_1 \frac{F_{t1}}{F_{01}} + B_2 \frac{F_{t2}}{F_{02}} + B_3 \frac{F_{t3}}{F_{03}} + \cdots + B_n \frac{F_{tn}}{F_{0n}} \right) - 1 \right]$$

$$= 1000 \times \left(0.15 + 0.45 \times \frac{120}{100} + 0.25 \times \frac{168}{150} + 0.15 \times \frac{156}{130} - 1 \right)$$

$$= 150 \text{ 万元}$$

该月应支付给承包方款项为：

工程量清单中项目调价后价款：1000+150=1150万元。

工程项目变更按现行价格支付款额：50万元。

材料预付款：100万元。

小计：1150+50+100=1300万元。

该月应扣款项：质量保证金30万元。

因此该月应付承包方款额为：1300-30=1270万元。

【想对考生说】

本案例考查了物价波动引起合同价格需要调整的计算。解题依据是《水利水电工程标准施工招标文件（2009年版）》通用合同条款中第16条价格调整的规定。

第三节　合同结算

【考生必掌握】

一、竣工结算（完工结算）

根据《水利水电工程标准施工招标文件（2009年版）》通用合同条款第17.5条的规定：

1.竣工（完工）付款申请单

（1）承包人应在合同工程完工证书颁发后28天内，按专用合同条款约定的份数向监理人提交完工付款申请单，并提供相关证明材料。完工付款申请单应包括下列内容：完工结算合同总价、发包人已支付承包人的工程价款、应扣留的质量保证金、应支付的完工付款金额。

（2）监理人对完工付款申请单有异议的,有权要求承包人进行修正和提供补充资料。经监理人和承包人协商后，由承包人向监理人提交修正后的完工付款申请单。

2.竣工（完工）付款证书及支付时间

（1）监理人在收到承包人提交的完工付款申请单后的14天内完成核查，提出发包人到期应支付给承包人的价款送发包人审核并抄送承包人。发包人应在收到后14天内审核完毕，由监理人向承包人出具经发包人签认的完工付款证书。监理人未在约定时间内核查，又未提出具体意见的，视为承包人提交的完工付款申请单已经监理人核查同意。发包人未在约定时间内审核又未提出具体意见的，监理人提出发包人到期应支付给承包人的价款视为已经发包人同意。

（2）发包人应在监理人出具完工付款证书后的14天内，将应支付款支付给承包人。发包人不安全支付的，按约定，将逾期付款违约金支付给承包人。

（3）承包人对发包人签认的完工付款证书有异议的，发包人可出具完工付款申请单中承包人已同意部分的临时付款证书。存在争议的部分，按第24条的约定办理。

（4）完工付款涉及振奋投资资金的，按约定办理。

二、最终结清

根据《水利水电工程标准施工招标文件（2009年版）》通用合同条款第17.6 ~ 17.8条的规定：

1. 最终结清申请单

（1）工程质量保修责任终止证书签发后，承包人应按监理人批准的格式提交最终结清申请单，提交最终结清申请单的份数在专用合同条款中约定。

（2）发包人对最终结清申请单内容有异议的，有权要求承包人进行修正和提供补充资料，由承包人向监理人提交修正后的最终结清申请单。

2. 竣工财务决算

发包人负责编制本工程项目竣工财务决算，承包人应按专用合同条款的约定提供竣工财务决算编制所需的相关材料。

3. 竣工审计

发包人负责完成本工程竣工审计手续，承包人应完成相关配合工作。

【想对考生说】

本节内容会结合本章第二节、第三节的内容来考核，本节就不设置题目了。

第四节　投资偏差分析

【考生必掌握】

1. 投资偏差分析的三个参数计算

工程计划投资（$BCWS$）= 计划工程量 × 计划单价

已完工程计划投资（$BCWP$）= 已完成工程量 × 计划单价

已完工程实际投资（$ACWP$）= 已完成工程量 × 实际单价

2. 投资偏差分析的四个评价指标

（1）投资偏差（CV）= 已完工程实际投资（$ACWP$）- 已完工程计划投资（$BCWP$）

【已完相减看费用】

CV 为正表示投资超支，CV 为负表示投资节约。

（2）进度偏差（SV）=工程计划投资（$BCWS$）－已完工程计划投资（$BCWP$）【计划相减看进度】

SV 为正表示工期拖后，SV 为负表示工期提前。

【想对考生说】

进度偏差还可以用时间表示为：进度偏差＝已完工程实际时间 － 已完工程计划时间。

3. 利用投资曲线法（赢得值法）进行偏差分析

利用投资曲线法（赢得值法）进行偏差分析，如图 6-1 所示。

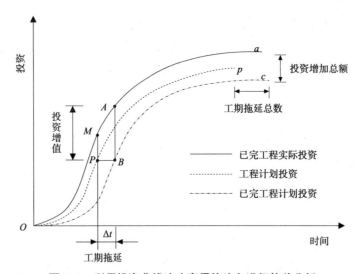

图 6-1　利用投资曲线法（赢得值法）进行偏差分析

【还会这样考】

某工程，建设单位与施工单位签订了施工合同，经总监理工程师批准的施工总进度计划，如图 6-2 所示（时间单位：月），各项工作均按最早开始时间安排且匀速施工。施工过程中发生如下事件：

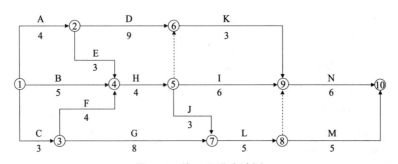

图 6-2　施工总进度计划

事件1：施工中遭遇不可抗力，导致工作 G 停工 2 个月、工作 H 停工 1 个月，并造成施工单位 20 万元的窝工损失，为确保工程按原计划时间完成，建设单位要求施工单位赶工。施工单位采用赶工措施后，工作 H 按原计划时间完成，产生赶工费 15 万元。施工单位向项目监理机构提出申请，要求费用补偿 35 万元，工程延期 3 个月。

事件2：工程开工后第 1～4 月工程计划投资、已完工程计划投资与已完工程实际投资，如图 6-3 所示。

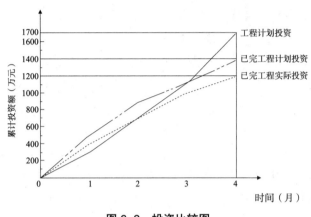

图 6-3　投资比较图

【问题】

1. 确定图 6-2 施工总进度计划的总工期及关键工作，计算工作 G 的总时差。

2. 事件 1 中，项目监理机构应批准的费用补偿和工程延期分别为多少？说明理由。

3. 针对事件 2，指出工程在第 4 月末的投资偏差和进度偏差（以投资额表示）。

【参考答案】

1. 施工总进度计划的总工期为 25 个月。

关键线路为：①→②→④→⑤→⑦→⑧→⑨→⑩和①→③→④→⑤→⑦→⑧→⑨→⑩。

关键工作：A、C、E、F、H、J、L、N。

G 工作的总时差为 3 个月。

2.（1）事件 1 中，项目监理机构应批准的费用补偿是 15 万元。

理由：发生不可抗力事件，承包人的施工机械设备损坏及停工损失，应由承包人承担；发包人要求赶工的，赶工费用应由发包人承担。因此施工单位 20 万元的窝工损失不能索赔，而 15 万元的赶工费用可以补偿。

（2）事件 1 中，施工单位向项目监理机构提出的工程延期 3 个月的申请不予批准。

理由：H 工作为关键工作，停工 1 个月后在建设单位要求下通过赶工使 H 工作按原计划时间完成，所以不影响总工期。而 G 工作有 3 个月的总时差，停工 2 个月不影响总工期，因此工期延期申请不予批准。

3. 针对事件 2，工程在第 4 月末的投资偏差和进度偏差的计算如下：

（1）投资偏差 = 已完工程实际投资 − 已完工程计划投资 =1200−1400=−200 万元＜ 0，表示投资节约 200 万元。

（2）进度偏差 = 工程计划投资 − 已完工程计划投资 =1700−1400=300 万元＞ 0，表示进度延误 300 万元。

【想对考生说】

1. 本案例问题 1 考查了总工期、关键工作、总时差。

先确定关键线路，在所有线路中持续时间最长的线路即为关键线路，关键线路上的工作即为关键工作，本题根据这一原则进行判定。采用关键线路法计算如下线路长度：

线路 A→D→K→N，线路长度：4+9+3+6=22 个月。

线路 A→E→H→K→N，线路长度：4+3+4+3+6=20 个月。

线路 A→E→H→I→N，线路长度：4+3+4+6+6=23 个月。

线路 A→E→H→J→L→N，线路长度：4+3+4+3+5+6=25 个月。

线路 A→E→H→J→L→M，线路长度：4+3+4+3+5+5=24 个月。

线路 B→H→K→N，线路长度：5+4+3+6=19 个月。

线路 B→H→I→N，线路长度：5+4+6+6=21 个月。

线路 B→H→J→L→N，线路长度：5+4+3+5+6=23 个月。

线路 B→H→J→L→M，线路长度：5+4+3+5+5=22 个月。

线路 C→F→H→K→N，线路长度：3+4+4+3+6=20 个月。

线路 C→F→H→I→N，线路长度：3+4+4+6+6=23 个月。

线路 C→F→H→J→L→N，线路长度：3+4+4+3+5+6=25 个月。

线路 C→F→H→J→L→M，线路长度：3+4+4+3+5+5=24 个月。

线路 C→G→L→N，线路长度：3+8+5+6=22 个月。

线路 C→G→L→M，线路长度：3+8+5+5=21 个月。

综上所述，共有两条关键线路，即线路 A→E→H→J→L→N（即①→②→④→⑤→⑦→⑧→⑨→⑩）、线路 C→F→H→J→L→N（即①→③→④→⑤→⑦→⑧→⑨→⑩）；施工总进度计划的总工期为 25 个月；关键工作：A、C、E、F、H、J、L、N；因为 G 工作所在的线路为①→③→⑦→⑧→⑨→⑩和①→③→⑦→⑧→⑩，其工期依次为 22 个月和 21 个月，因此在不影响总工期 25 个月的情况下，G 工作至少有 25−22=3 个月的机动时间，因此，G 工作的总时差为 3 个月。

2. 本案例问题 1 考查了不可抗力后果及其处理。根据《水利水电工程标准施工招标文件（2009 年版）》第 21.3 款不可抗力后果及其处理的规定进行解答。

3．本案例问题2考查了投资偏差和进度偏差的计算。投资偏差＝已完工程实际投资－已完工程计划投资；进度偏差＝工程计划投资－已完工程计划投资。

第七章
水利工程进度控制

第一节　进度计划的编制与审批

【考生必掌握】

根据《水利工程施工监理规范》SL 288—2014 第 6.3 条的相关规定：

6.3.1 施工总进度计划应符合下列规定：

（1）监理机构应在合同工程开工前依据施工合同约定的工期总目标、阶段性目标和发包人的控制性总进度计划，制定施工总进度计划的编制要求，并书面通知承包人。

（2）施工总进度计划的审批程序应符合下列规定：

1）承包人应按施工合同约定的内容、期限和施工总进度计划的编制要求，编制施工总进度计划，报送监理机构。

2）监理机构应在施工合同约定的期限内完成审查并批复或提出修改意见。

3）根据监理机构的修改意见，承包人应修正施工总进度计划，重新报送监理机构。

4）监理机构在审查中，可根据需要提请发包人组织设代机构、承包人、设备供应单位、征迁部门等有关方参加施工总进度计划协调会议，听取参建各方的意见，并对有关问题进行分析处理，形成结论性意见。

（3）施工总进度计划审查应包括下列内容：

1）是否符合监理机构提出的施工总进度计划编制要求。

2）施工总进度计划与合同工期和阶段性目标的响应性与符合性。

3）施工总进度计划中有无项目内容漏项或重复的情况。

4）施工总进度计划中各项目之间逻辑关系的正确性与施工方案的可行性。

5）施工总进度计划中关键路线安排的合理性。

6）人员、施工设备等资源配置计划和施工强度的合理性。

7）原材料、中间产品和工程设备供应计划与施工总进度计划的协调性。

8）本合同工程施工与其他合同工程施工之间的协调性。

9）用图计划、用地计划等的合理性，以及与发包人提供条件的协调性。

10）其他应审查的内容。

6.3.5 监理机构在签发暂停施工指示时，应遵守下列规定：

（1）在发生下列情况之一时，监理机构应提出暂停施工的建议，报发包人同意后签发暂停施工指示：

1）工程继续施工将会对第三者或社会公共利益造成损害。

2）为了保证工程质量、安全所必要。

3）承包人发生合同约定的违约行为，且在合同约定时间内未按监理机构指示纠正其违约行为，或拒不执行监理机构的指示，从而将对工程质量、安全、进度和资金控制产生严重影响，需要停工整改。

（2）监理机构认为发生了应暂停施工的紧急事件时，应立即签发暂停施工指示，并及时向发包人报告。

（3）在发生下列情况之一时，监理机构可签发暂停施工指示，并抄送发包人：

1）发包人要求暂停施工。

2）承包人未经许可即进行主体工程施工时，改正这一行为所需要的局部停工。

3）承包人未按照批准的施工图纸进行施工时，改正这一行为所需要的局部停工。

4）承包人拒绝执行监理机构的指示，可能出现工程质量问题或造成安全事故隐患，改正这一行为所需要的局部停工。

5）承包人未按照批准的施工组织设计或施工措施计划施工，或承包人的人员不能胜任作业要求，可能会出现工程质量问题或存在安全事故隐患，改正这些行为所需要的局部停工。

6）发现承包人所使用的施工设备、原材料或中间产品不合格；或发现工程设备不合格，或发现影响后续施工的不合格的单元工程（工序），处理这些问题所需要的局部停工。

（4）监理机构应分析停工后可能产生影响的范围和程度，确定暂停施工的范围。

【还会这样考】

某堤防工程，监理机构应在合同工程开工前制定了施工总进度计划的编制要求，并书面通知了承包人。承包人按要求编制了施工总进度计划，并报送了监理机构。

【问题】

监理机构制定施工总进度计划编制要求的依据有哪些？承包人编制施工总进度计划的依据有哪些？

【参考答案】

监理机构应依据施工合同约定的工期总目标、阶段性目标和发包人的控制性总进度计划，制定施工总进度计划的编制要求。承包人应按施工合同约定的内容、期限和施工总进度计划的编制要求编制施工总进度计划。

【想对考生说】

主要掌握监理机构应该干什么？怎么干？

第二节　进度的检查、分析与调整

【考生必掌握】

1. 前锋线比较法

前锋线比较法，见表 7-1。

前锋线比较法　　　　　　　　　　　　　　　　　　表 7-1

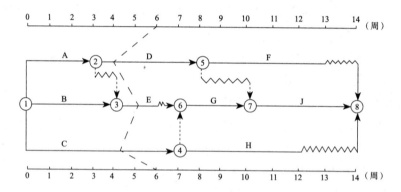

直观反映			预测影响	
实际进展位置点	实际进度	拖后或超前时间	对后续工作影响	对总工期影响
落在检查日左侧	拖后	检查时刻－位置点时刻	超过自由时差就影响，超几天就影响几天	超过总时差就影响，超几天就影响几天
与检查日重合	一致	0	不影响	不影响
落在检查日右侧	超前	位置点时刻－检查时刻	需结合其他工作分析	需结合其他工作分析

【想对考生说】

在案例分析考试中，考查前锋线法的概率比考查横道图法的概率大。

2. 横道图法

横道图法，见表 7-2。

横道图法　　　　　　　　　　　　　　　　　　　　　表 7-2

项次	工程项目	持续时间（天）	第一年				第二年							
			9	10	11	12	1	2	3	4	5	6	7	8
1	基坑土方开挖	30	—											
2	C10 混凝土垫层	20		—										
3	C25 混凝土闸底板	30			—									
4	C25 混凝土闸墩	55				—								
5	C40 混凝土闸土公路桥板	30								—				
6	二期混凝土	25							—					
7	闸门安装	15							—					
8	底槛、导轨等埋件安装	20					—							
基本结构	一般包括两个基本部分，即左侧的工作名称和右侧的工作持续时间及横道线部分													
优点	形象、直观，且易于编制和理解													

【想对考生说】

横道图法考查时，需要注意起点工作与终点工作的判断（紧前、紧后）、逻辑关系（最早、最迟），工作持续时间。

3．S 曲线法

S 曲线法，见表 7-3。

S 曲线法　　　　　　　　　　　　　　　　　　　　　表 7-3

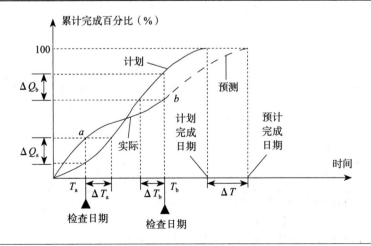

通过比较实际进度 S 曲线和计划进度 S 曲线，可以获得的信息

续表

分析	图上直接看	获得信息	
		表明	通过计算得到数值
实际进度（横向比较）	如果实际进展点落在计划S曲线左侧，如图中的a点	实际进度比计划进度超前	ΔT_a 表示 T_a 时刻实际进度超前的时间
	如果实际进展点落在S计划曲线右侧，如图中的b点	实际比计划进度拖后	ΔT_b 表示 T_b 时刻实际进度拖后的时间
	如果实际进展点正好落在计划S曲线上，如图中的c点	实际进度与计划进度一致	0
实际任务量（纵向比较）	如果实际进展点落在计划S曲线上方，如图中的a点	实际任务量超额	ΔQ_a 表示 T_a 时刻超额完成的任务量
	如果实际进展点落在S计划曲线下方，如图中的b点	实际任务量拖欠	ΔQ_b 表示 T_b 时刻拖欠的任务量
	如果实际进展点正好落在计划S曲线上，如图中的c点	实际任务量与计划一致	0

【想对考生说】

总结 S 曲线法：左侧及上方，超前与超额；右侧及下方，拖后与拖欠。

【还会这样考】

施工单位承包某中型泵站，建筑安装工程内容及工程量，见表 7-4，签订的施工合同部分内容如下：

签约合同价 1230 万元；工程预付款按签约合同价的 10% 一次性支付，从第 3 个月起，按完成工程量的 20% 扣回，扣完为止；质量保证金按 5% 的比例在月进度款中扣留。

泵站建筑安装工程内容及工程量表 　　　　　　　　　　　　　表 7-4

工作名称	施工准备	基坑开挖	地基处理	泵室	出水池	进水池	拦污栅	机电设备安装
代号	A	B	C	D	E	F	G	H
工程量（万元）	30	90	120	500	160	180	50	100
持续时间（天）	30	30	30	120	60	120	90	120

注：各项工作均衡施工；每月按 30 天计，下同。

开工前，项目部提交并经监理工程师审核批准的施工进度计划如图 7-9 所示。施工过程中，监理工程师把第 90 天及第 120 天的工程进度检查情况分别用进度前锋线记录在图 7-1 中。

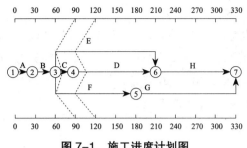

图 7-1　施工进度计划图

项目部技术人员对进度前锋线进行了分析，并从第 4 个月起对计划进行了调整，D 工作的工程进度曲线，如图 7-2 所示。

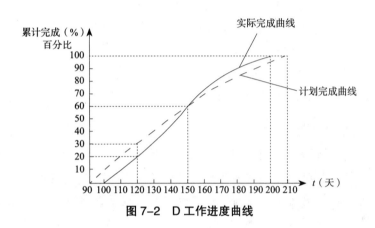

图 7-2　D 工作进度曲线

在机电设备安装期间，当地群众因征地补偿款未及时兑现，聚众到工地阻挠施工，并挖断施工进场道路，导致施工无法进行，监理单位未及时作出暂停施工指示。经当地政府协调，事情得到妥善解决。施工单位在暂停施工 1 个月后根据监理单位通知及时复工。

【问题】

1. 根据"施工进度计划图"，分析 C、E 和 F 工作在第 90 天的进度情况（分别按"× 工作超额或拖欠总工程量的 ×%，提前或拖延 × 天"表述）；说明第 90 天的检查结果对总工期的影响。

2. 指出"D 工作进度曲线"中 D 工作第 120 天的进度偏差和总赶工天数。

3. 计算第 4 个月的已实施工程的价款、预付款扣回、质量保证金扣留和实际工程款支付金额。

4. 针对背景资料中发生的暂停施工情况，根据《水利水电工程标准施工招标文件（2009 年版）》，承包人在暂停施工指示方面应履行哪些程序？

【参考答案】

1. C 工作拖欠总工程量的 50%，拖延 15 天；E 工作拖欠总工程量的 50%，拖延 30 天；

F 工作拖欠总工程量的 25%，拖延 30 天。

第 90 天的检查结果对总工期的影响：延误总工期 15 天。

2. D 工作第 120 天的进度偏差为拖后 10 天；总赶工天数为 0。

3. C 工作的价款 =120×50%=60 万元。

D 工作的价款 =500×20%=100 万元。

E 工作的价款 =160×50%=80 万元。

F 工作的价款 =180×25%=45 万元。

第 4 个月的已实施工程的价款 =60+100+80+45=285 万元。

第 3 个月已实施工程的价款 =60 万元，第 3 个月预付款扣回为 60×20%=12 万元；第 4 个月预付款扣回 =285×20%=57 万元。

第 4 个月质量保证金扣留 =285×5%=14.25 万元。

第 4 个月实际工程款支付金额 =285－57－14.25=213.75 万元。

4. 承包人在暂停施工指示应履行的程序有：承包人可先暂停施工，并及时向监理人提出暂停施工的书面请求。监理人应在接到书面请求后的 24 小时内予以答复，逾期未答复的，视为同意承包人的暂停施工请求。

【想对考生说】

1. 本案例问题 1 考查了采用前锋线法判断实际进度与计划进度的比较。当采用时标网络计划时，可采用实际进度前锋线记录计划实际执行状况，进行实际进度与计划进度的比较。通过实际进度前锋线与原进度计划中各工作箭线交点的位置可以判断实际进度与计划进度的偏差。本案例中，C 工作拖延 15 天，拖延总工程量为 15/30×100%=50%；依次可求出 E 工作拖欠总工程量 50%，拖延 30 天；F 工作拖欠总工程量 25%，拖延 30 天。C 工作位于关键线路上，C 工作拖延 15 天导致总工期延误 15 天；E、F 工作位于非关键线路上，且延误时间不超过其总时差，对总工期没有影响。

2. 本题考查的是进度偏差和总赶工天数的计算。由 D 工作进度曲线图可知，D 工作计划完成时间=210－90=120 天，实际完成时间=200－100=100 天，第 120 天检查时，D 工作实际比计划滞后累计 10% 的工程量，工程滞后 10 天；总赶工天数 0 天。

3. 本题考查的是工程进度款的计算。

（1）第 4 个月实际完成的工程价款：C=60 万元，D=20%×500=100 万元，E=80 万元，F=1/4×180=45 万元，故已实施工程的价款=60+100+80+45=285 万元。

（2）第 3 个月实际完成的工程价款：C=60 万元，故已实施工程的价款=60 万元，该月预付款扣回为：60×0.2=12 万元；故第 4 个月预付款扣回为：285×0.2=57 万元。

（3）第 4 个月的质保金扣留=285×5%=14.25 万元。

（4）第 4 个月的实际工程款支付金额 = 285 - 57 - 14.25 = 213.75 万元。

4．本题考查的是暂停施工的指示。根据《水利水电工程标准施工招标文件（2009 版）》，监理人暂停施工指示包括：

（1）监理人认为有必要时，可向承包人作出暂停施工的指示，承包人应按监理人指示暂停施工。

（2）不论由于何种原因引起的暂停施工，暂停施工期间承包人应负责妥善保护工程并提供安全保障。

（3）由于发包人的原因发生暂停施工的紧急情况，且监理人未及时下达暂停施工指示的，承包人可先暂停施工，并及时向监理人提出暂停施工的书面请求。监理人应在接到书面请求后的 24 小时内予以答复，逾期未答复的，视为同意承包人的暂停施工请求。

第三节 工期延误的合同责任分析及处理

【考生必掌握】

1．工期延误的分类

按照《水利水电工程标准施工招标文件（2009 年版）》，工期延误的分类具体内容，见表 7-5。

工期延误的分类具体内容 表 7-5

项目	内容
发包人、监理人原因引起的工期延误	11.3 发包人的工期延误 　在履行合同过程中，由于<u>发包人的下列原因造成工期延误的，承包人有权要求发包人延长工期和（或）增加费用，并支付合理利润</u>。需要修订合同进度计划的，按照第 10.2 款的约定办理。 　（1）增加合同工作内容； 　（2）改变合同中任何一项工作的质量要求或其他特性； 　（3）发包人延迟提供材料、工程设备或变更交货地点的； 　（4）因发包人原因导致的暂停施工； 　（5）提供图纸延误； 　（6）未按合同约定及时支付预付款、进度款； 　（7）发包人造成工期延误的其他原因。 　监理人的工期延误包括：（1）监理人对工程的重新检查，工程质量合格；（2）监理人对原材料的重新检验，原材料质量合格

续表

项目	内容
不利物质条件原因引起的工期延误	4.11 不利物质条件： 4.11.1 除专用合同条款另有约定外，不利物质条件是指在施工中遭遇不可预见的外界障碍或自然条件造成施工受阻。 4.11.2 承包人遇到不利物质条件时，应采取适应不利物质条件的合理措施继续施工，并及时通知监理人。承包人有权根据第 23.1 款的约定，要求延长工期及增加费用。监理人收到此类要求后，应在分析上述外界障碍或自然条件是否不可预见及不可预见程度的基础上，按照通用合同条款第 15 条的约定办理
不可抗力、异常恶劣的气候条件原因引起的工期延误	11.4 双方应在合同中约定，异常恶劣气候条件造成的工期延误和工程损坏，应由发包人和承包人按照不可抗力后果处理。 21.1 不可抗力是指承包人和发包人在订立合同时不可预见，在工程施工过程中不可避免发生并不能克服的自然灾害和社会性突发事件，如地震、海啸、瘟疫、水灾、骚乱、暴动、战争和专用合同条款约定的其他情形。 21.3 除专用合同条款另有约定外，不可抗力导致的人员伤亡、财产损失、费用增加和（或）工期延误等后果，由合同双方按以下原则承担： （1）永久工程，包括已运至施工场地的材料和工程设备的损害，以及因工程损害造成的第三者人员伤亡和财产损失由发包人承担。 （2）承包人设备的损坏由承包人承担。 （3）发包人和承包人各自承担其人员伤亡和其他财产损失及其相关费用。 （4）承包人的停工损失由承包人承担，但停工期间应监理人要求照管工程和清理、修复工程的金额由发包人承担。 （5）不能按期竣工的，应合理延长工期，承包人不需支付逾期竣工违约金。发包人要求赶工的，承包人应采取赶工措施，赶工费用由发包人承担
承包人原因引起的工期延误	11.5 由于承包人原因，未能按合同进度计划完成工作，或监理人认为承包人施工进度不能满足合同工期要求的，承包人应采取措施加快进度，并承担加快进度所增加的费用。由于承包人原因造成工期延误，承包人应支付逾期竣工违约金。逾期竣工违约金的计算方法在专用合同条款中约定。承包人支付逾期竣工违约金，不免除承包人完成工程及修补缺陷的义务

2. 共同延误的处理

（1）同一工作发生同期延误事件处理

①首先判断造成拖期的哪一种原因是最先发生的，即确定"初始延误"者，它应对工程拖期负责。

②按照引起工期延误者进行比例分摊。

（2）不同工作发生同期延误事件

应单独分析各施工延误事件对合同工期或里程碑目标所产生的影响，然后将这些影响进行分析比较，对相应重叠影响部分按上述同一项工作上发生的同期延误处理；对其他部分，按照引起工期延误的原因处理。

【想对考生说】

　　工期延误的相关要点一般会与网络计划调整、时间参数计算结合在一起考查，考生要注意掌握工期延误的规定。

【还会这样考】

　　某中型水库除险加固工程主要建设内容有：砌石护坡拆除、砌石护坡重建、土方填筑（坝体加高培厚）、深层搅拌桩渗墙、坝顶沥青道路、混凝土防浪墙和管理房等。计划工期9个月（每月按30天计）。合同约定：①合同中关键工作的结算工程量超过原招标工程量15%的部分所造成的延期由发包人承担责任；②工期提前的奖励标准为10000元/天，逾期完工违约金为10000元/天。

　　施工中发生如下事件：

　　事件1：为满足工期要求，采取分段流水作业，其逻辑关系，见表7-6。

逻辑关系　　　　　　　　　　　　　　　　　　表7-6

工作名称	工作代码	招标工程量（m³）	持续时间（天）	紧前工作
施工准备	A	……	30	—
护坡拆除Ⅰ	B	1500	15	A
护坡拆除Ⅱ	C	1500	15	B
土方填筑Ⅰ	D	60000	30	B
土方填筑Ⅱ	E	60000	30	C、D
砌石护坡Ⅰ	F	4500	45	D
砌石护坡Ⅱ	G	4500	45	E、F
截渗墙Ⅰ	H	3750	50	D
截渗墙Ⅱ	I	3750	50	E、H
管理房	J	600	120	A
防浪墙	K	240	30	G、I、J
坝顶道路	L	4000	50	K
完工整理	M	……	15	L

　　项目部技术人员编制的初始网络计划，如图7-3所示。

　　项目部在审核初始网络计划时，发现逻辑关系有错并将其改正。

　　事件2：项目部在开工后第85天末组织进度检查，F、H、E、J工作累计完成工程量分别为400m³、600m³、20000m³、125m³（假定工作均衡施工）。

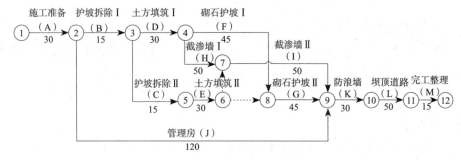

图 7-3 初始网络计划

事件 3：由于设计变更，K 工作的实际完成时间为 33 天，K 工作的结算工程量为 292m³。

除发生上述事件外，施工中其他工作均按计划进行。

【问题】

1. 指出事件 1 中初始网络计划逻辑关系的错误之处。

2. 依据正确的网络计划，确定计划工期（含施工准备）和关键线路。

3. 根据事件 2 的结果，说明进度检查时 F、H、E、J 工作的逻辑状况（按"××工作已完成 ×× 天工程量"的方式陈述）。指出哪些工作的延误对工期有影响及影响天数。

4. 事件 3 中，施工单位是否有权提出延长工期的要求？说明理由。

5. 综合上述事件，该工程实际工期是多少天？承包人可因工期提前得到奖励或逾期完工支付违约金为多少？

【参考答案】

1. 事件 1 中初始网络计划逻辑关系的错误之处：

（1）E 工作的紧前工作只有 C 工作。E 工作的紧前工作应为 C、D 工作。

（2）在节点④、⑤之间缺少一项虚工作。

2. 计划工期为 270 天。

关键线路：A→B→D→H→I→K→L→M。

3. F 工作已完成 4 天工程量，H 工作已完成 8 天工程量，E 工作已完成 10 天工程量，I 工作已完成 25 天工程量。

H、J 工作拖延对工期有影响。H 工作延误影响工期 3 天，J 工作延误影响工期 5 天。

4. 事件 3 中，施工单位有权提出延长工期的要求。

理由：依据合同，承包人对 K 工作结算工程量超过 276m³（240×115%）部分所造成的工程延误可以提出延期要求，可提出 2 天的延期要求。

5. 该工程的实际工期 = 270＋5＋3 = 278 天。

因逾期完工支付的违约金 = 10000×（278－270－2）= 60000 元。

【想对考生说】

1. 本案例问题 1 考查的是工程进度计划的逻辑关系。由题中给出的逻辑关系表中可以知道，E 工作的紧前工作有 C 和 D 工作，而项目部技术人员编制的初始网络计划中 E 工作的紧前工作只有 C 工作。在节点④、⑤之间缺少一项虚工作。

2. 本案例问题 2 考查的是关键线路、计划工期的确定。关键工作和关键线路的确定原则：

（1）双代号网络计划：①总时差为最小的工作应为关键工作；②自始至终全部由关键工作组成的线路或线路上总的工作持续时间最长的线路应为关键线路。

（2）单代号网络计划：①总时差为最小的工作应为关键工作；②从起点节点开始到终点节点均为关键工作，且所有工作的时间间隔仅为零的线路应为关键线路。

用最长线路法确定关键线路为：A→B→D→H→I→K→L→M。

依据正确的网络计划，计划工期 =30（施工准备）+15（护坡拆除Ⅰ）+30（土方填筑Ⅰ）+50（截渗墙Ⅰ）+50（截渗墙Ⅱ）+30（防浪墙）+50（坝顶道路）+15（完工整理）=270 天。

3. 本案例问题 3 考查的是工程量及工期延误的计算。因为 F 工作的招标工程量是 4500m³，持续时间 45 天，平均每天完成 100m³，而实际中项目部在开工后第 85 天末组织检查进度，F 工作累计完成工程量 400m³，因此 F 工作已完成 4 天工程量；同理，H 工作的招标工程量是 3750m²，持续时间 50 天，到检查时累计完成工程量 600m²，可算出 H 工作已完成 8 天工程量；E 工作招标工程量为 60000m³，持续时间 30 天，每天要完成 2000m³，而检查时累计完成 20000m³，可算得 E 工作已完成 10 天工程量；J 工作招标工程量为 600m²，持续时间 120 天，每天要完成 5m²，检查时累计完成工程量为 125m²，J 工作已完成 25 天工程量。其中，H、J 工作拖延对工期有影响，H 工作的拖延影响 2 天，J 工作的拖延影响 5 天。

4. 本案例问题 4 考查的是工期索赔。合同中约定：合同中关键工作的结算工程量超过原招标工程量 15% 的部分所造成的延期由发包人承担责任。实际上 K 工作结算工程量 292m³ 超过 276m³（240m³×115%），可提出 2 天 [（292−276）÷8] 的延期要求。

5. 本案例问题 5 考查的是工期索赔以及违约金的支付。该工程的实际工期为 278 天（270+5+3）：K 工作的延误对工期影响 3 天，J 工作的延误对工期影响 5 天。因逾期完工支付违约金为 =10000×（278−270−2）=60000 元。实际工期为 278 天，计划工期为 270 天，可以延期 2 天，故实际工期超过计划工期 6 天。

第四节　工程网络计划技术

一、网络图的绘制

【考生必掌握】

1. 双代号网络计划

双代号网络计划的绘图，如图 7-4 所示。

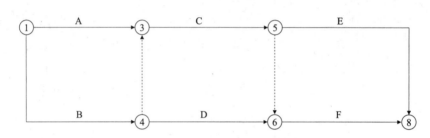

图 7-4　双代号网络计划的绘图

> **【想对考生说】**
>
> 在绘制时双代号网络计划图时，需要注意：（1）起点工作：节点编号；（2）逻辑关系：紧前、紧后；（3）持续时间；（4）绘制顺序。
>
> 如若在考试中考查双代号网络图的绘制时，可能会考查其绘制、调整、挑错等。

绘图规则如下：

①必须按照已定逻辑关系绘制。

②严禁出现循环回路。

③箭线（包括虚箭线，以下同）应保持自左向右的方向，不应出现箭头指向左方的水平箭线和箭头偏向左方的斜向箭线。

④严禁出现双向箭头和无箭头的连线。

⑤严禁出现没有箭尾节点的箭线和没有箭头节点的箭线。

⑥严禁在箭线上引入或引出箭线。

⑦尽量避免工作箭线的交叉。

⑧图中应只有一个起点节点和一个终点节点（任务中部分工作需要分期完成的网络计划除外）。

2. 单代号网络图的绘图规则

单代号网络图的绘图规则与双代号网络图的绘图规则基本相间，主要区别在于：当网络图中有多项开始工作时，应增设一项虚拟的工作（S），作为该网络图的起点节点；当网络图中有多项结束工作时，应增设一项虚拟的工作（F），作为该网络图的终点节点。

二、网络图时间参数的计算

【考生必掌握】

1. 双代号网络计划采用六时标注法计算时间参数

双代号网络计划采用六时标注法计算时间参数，见表 7-7。

扫码学习

双代号网络计划采用六时标注法计算时间参数   表 7-7

最早开始时间 ES_{i-j}	为各紧前工作全部完成后，本工作可能开始的最早时刻。 　如果该工作于开始节点相连，最早开始时间为 0，即 A 工作的最早开始时间 $ES=0$。 　如果工作有紧前工作的时候，最早开始时间等于紧前工作的最早结束时间取最大值，即 B 工作的最早开始时间 $ES_{i-j}=5$。 　而 E 工作的最早开始时间 ES_{i-j} 为 B、C 工作最早结束（11、8）取最大值为 11
最早完成时间 EF_{i-j}	$$EF_{i-j}=ES_{i-j}+D_{i-j}$$ （1）计算工期 T_c 等于一个网络计划关键线路所花的时间，即网络计划结束工作最早完成时间的最大值，即 $T_c=\max\{EF_{i-j}\}$。 （2）当网络计划未规定要求工期 T_r，$T_p=T_c$。 （3）当规定了要求工期 T_r，$T_c \leqslant T_p$，$T_p \leqslant T_r$。 　各紧前工作全部完成后，本工作可能完成的最早时刻。 　最早完成时间等于该工作的最早开始时间 + 持续时间，即 A 工作的最早完成时间 $EF_{i-j}=0+5=5$。 　B 工作的最早完成时间 $EF_{i-j}=5+6=11$
最迟完成时间 LF_{i-j}	结束工作的最迟完成时间 $LF_{i-j}=T_p$。 其他工作的最迟完成时间按照"逆箭头相减，箭尾相碰取小值"计算。 在不影响计划工期的前提下，该工作最迟必须完成的时刻。 　如果该工作与结束节点相连，最迟完成时间为计算工期，即 F 工作的最迟完成时间 $LF_{i-j}=23$。 　如果工作有紧后工作，最迟完成时间等于紧后工作最迟开始时间取小值
最迟开始时间 LS_{i-j}	最迟开始时间等于最迟完成时间减去持续时间，即 $LS_{i-j}=LF_{i-j}-D_{i-j}$。 在不影响计划工期的前提下，该工作最迟必须开始的时刻
总时差 TF_{i-j}	总时差 =（紧后工作的最迟开始时间 − 本工作的最早开始时间）=（紧后工作的最迟完成时间 − 本工作的最早完成时间） $TF_{i-j}=LS_{i-j}-ES_{i-j}$ 或 $TF_{i-j}=LF_{i-j}-EF_{i-j}$ 在不影响计划工期的前提下，该工作存在的机动时间
自由时差 FF_{i-j}	自由时差 =（紧后工作的最早开始时间 − 本工作的最早完成时间） $FF_{i-j}=ES_{j-k}-EF_{i-j}$ 在不影响紧后工作最早开始时间的前提下，该工作存在的机动时间

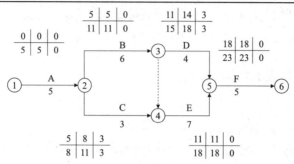

六时标注法

【想对考生说】

（1）工作最早开始时间 ES 的计算：顺着箭线，相加取大值。

（2）工作最迟完成时间 LF 的计算：逆着箭线，相减取小值。

（3）总时差：本工作的最迟开始时间减最早开始时间。

（4）自由时差：紧后工作的最早开始时间减去本工作的最早完成时间。

（5）六时标注法：标注方式 $\dfrac{ES\ |\ LS\ |\ TF}{EF\ |\ LF\ |\ FF}$

2. 最长线路法（关键路径法）确定双代号网络计划关键线路和计算工期【2020年案例六第 1 问考查了关键线路、计算工期】

通常对于关键线路法（CPM）而言，线路上所有工作的持续时间总和称为总持续时间。在所有线路中总持续时间最长的线路即为关键线路。关键线路的长度就是网络计划的总工期。关键线路上的工作称为关键工作。通常在网络计划实施中，关键工作的实际进度提前、拖后，都会对总工期产生一定的影响。

注意：有时关键线路上存在虚工作，如图 7-5 所示。

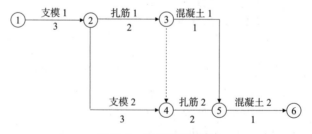

图 7-5　双代号网络图

此法确定关键线路的步骤：

（1）计算各个线路的总持续时间

寻找从始节点①至终节点⑥的所有线路求其总的持续时间：

①→②→③→⑤→⑥，$T=3+2+1+1=7$

①→②→③→④→⑤→⑥，T=3+2+2+1=8

①→②→④→⑤→⑥，T=3+3+2+1=9

注意：从上到下，从外向内逐条计算，防止漏掉个别路线。

步骤二：进行时间对比，用时最长的线路为关键线路

从以上三条线路中总的持续时间，可以看出关键线路是①→②→④→⑤→⑥，T=9。

这种直接观察总持续时间 T 来判断关键线路的方法适用于路线较少，不太复杂的网络图，否则容易出错，或漏掉个别路线。对于刚刚学习的这种方法的考生而言，这是最容易掌握和应用的方法。而在实际设计中多采用计算网络图的时间参数的方法，确定其关键线路和总工期。

（2）网络计划中的关键线路<u>可能不止一条</u>。通常在网络计划执行过程中，关键线路<u>还会发生转移</u>。

3. 用标号法确定双代号网络计划关键线路和计算工期

用标号法确定双代号网络计划关键线路和计算工期，见表7-8。

用标号法确定双代号网络计划关键线路和计算工期 表7-8

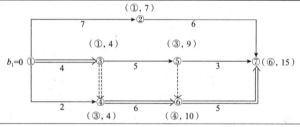

计算	网络计划起点节点的标号值为零（$b_1 = 0$）。 　　网络计划的其他节点的标号值 $b_j=\max\{b_i+D_{i-j}\}$，其中，b_j 为工作 i-j 的完成节点 j 的标号值；b_i 为工作 i-j 的开始节点 i 的标号值；D_{i-j} 为工作 i-j 的持续时间。 　　对其他节点进行双标号（源节点，标号值），源节点就是确定本节点标号值的节点，如果源节点有多个，应将所有源节点标出。 　　网络计划的计算工期就是网络计划终点节点的标号值。 　　关键线路应从网络计划的终点节点开始，逆着箭线方向按源节点确定

4. 用对比法确定双代号网络计划关键线路和计算工期

用对比法确定双代号网络计划关键线路和计算工期，见表7-9。

扫码学习

用对比法确定双代号网络计划关键线路和计算工期 表7-9

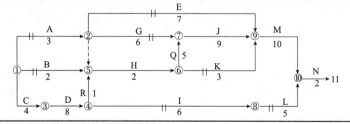

续表

项目	内容
计算	总的原则是将起始于同一结点，归结于同一结点的若干条线路中较短的线路上的所有工作舍弃，仅保留最长的一条（或几条）线路。 比较①→⑤，应将 A 和 B 工作舍弃。 比较②→⑨，应将 E、G 和 K 工作舍弃。 比较④→⑩，应将 I 和 L 工作舍弃。 剩余的工作全部为关键工作，从而确定关键线路。 其关键线路上的各工作持续时间之和为计算工期

【想对考生说】

这里补充一个知识点，次关键线路：持续时间仅短于关键线路的线路。

在 2020 年案例分析考试中考查了关键工作和计算工期，因此有关"工期""关键线路""关键工作""总时差""自由时差"等指标计算考生要重点掌握。

5. 总时差、自由时差分析（重点内容）

总时差、自由时差分析，见表 7-10。

总时差、自由时差分析   表 7-10

项目	内容
双代号网络计划中的总时差、自由时差分析	（1）总时差：不影响总工期前提下，工作可以利用的机动时间。 （2）公式计算：最迟开始 − 最早开始 = 最迟完成 − 最早完成
	自由时差：在不影响其紧后工作最早开始时间的前提下，本工作可以利用的机动时间。 工作自由时差的计算应按以下两种情况分别考虑：（1）对于有紧后工作的工作，其自由时差等于本工作之紧后工作最早开始时间减本工作最早完成时间所得之差的最小值。（2）对于无紧后工作的工作，也就是以网络计划终点节点为完成节点的工作，其自由时差等于计划工期与本工作最早完成时间之差
	注意：对于网络计划中以终点节点为完成节点的工作，其自由时差与总时差相等。此外，由于工作的自由时差是其总时差的构成部分，所以，当工作的总时差为零时，其自由时差必然为零
双代号时标网络计划中的总时差、自由时差分析 扫码学习	总时差判定：应从网络计划的终点节点开始，逆着箭线方向依次进行。 （1）以终点节点为完成节点的工作，其总时差应等于计划工期与本工作最早完成时间之差。 （2）其他工作的总时差等于其紧后工作的总时差加本工作与该紧后工作之间的时间间隔所得之和的最小值
	自由时差的判定： （1）以终点节点为完成节点的工作，其自由时差应等于计划工期与本工作最早完成时间之差。以终点节点为完成节点的工作，其自由时差与总时差必然相等。 （2）其他工作的自由时差就是该工作箭线中波形线的水平投影长度。但当工作之后只紧接虚工作时，则该工作箭线上一定不存在波形线，而其紧接的虚箭线中波形线水平投影长度的最短者为该工作的自由时差
总时差和自由时差的利用	（1）在不影响总工期或紧后工作最早开始时间的前提下，利用工作的总时差或自由时差合理安排施工机械、材料计划。 （2）利用工作的总时差和自由时差判定施工机械在现场的闲置时间

6．工期索赔（工期延误、非承包人原因、合理期限提出）

（1）责任划分（承发包双方责任、义务）

属于发包人应承担风险责任事件的影响，才可以提出工期索赔。

（2）工期延误（关键工作、时差）

①关键工作：延误多久就对总工期影响多久；

②非关键工作：不超过总时差，不影响总工期；超过总时差，影响总工期，值为两者之差。

（3）合理期限内提出。

【想对考生说】

对于网络图时间参数的计算，可以这样考查：要求考生判断关键线路与关键工作、总时差、自由时差，还有可能与工期索赔（工期延误、非承包人原因、合理期限提出）、工期压缩（压缩工作历时、改变作业组织方式）、费用索赔（费用是否增加及计算）结合在一起考核，考生要注意审题清晰，分清责任划分，再进行判断是否应当进行工期及费用索赔。

【历年这样考】

【2020 年真题】

某河道整治工程主要内容有河道疏浚、老堤加固、新堤填筑。发包人与承包人依据《水利水电工程标准施工招标文件（2009 年版）》签订了施工合同，合同约定：合同工期 10 个月，2018 年 12 月 1 日开工。

经监理人批准的施工进度计划，如图 7-6 所示（每月按 30 天计），各项工作均按最早时间安排且匀速施工。

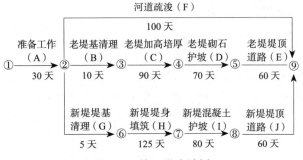

图 7-6　施工进度计划

施工过程中发生如下事件：

事件 1：开工前，承包人向监理人提交了工程开工报审表，监理人发现其内容仅包括按合同计划正常施工所需的材料、设备和施工人员等施工组织措施落实情况，监理人要求承包人将开工报审表的附属资料补充完整。

事件2：承包人按施工进度安排，组织施工人员及设备进场，由于发包人未按合同约定的时间提供施工用地，导致B工作延迟30天开始，承包人提出了延长工期30天的索赔要求。

事件3：截至2019年3月30日，C工作完成总工程量的50%。

【问题】

1. 指出该工程施工进度计划的关键工作和计算工期。

2. 事件1中，完整的开工报审表的主要内容包括哪些？

3. 事件2中，监理人应批准延长工期多少天？说明理由。

4. 事件3中，截至2019年3月30日，C工作计划完成工程量多少天？实际完成工程量多少天？分析对工期的影响。

【参考答案】

1. 线路①→②→⑥→⑦→⑧→⑨为关键线路；关键工作：A、G、H、I、J；计算工期：30+5+125+80+60=300天。

2. 完整的开工报审表的主要内容还包括：

施工道路、临时设施工程的进度安排。

3. 监理人应批准延长工期0天。

理由：工作B为非关键工作，并且有40天总时差。发包人原因延误了30天并未超过工作B的总时差，所以工期不予索赔。

4. 从2018年12月1日至2019年3月30日，每月按30天计，共120天。

工作C计划完成的工程量=120-（30+10）=80天

工作C实际完成的工程量=90×50%=45天

工作C进度延误=80-45=35天

经过事件2以后，工作C的总时差变为10天，而事件3中，工作C又延误了35天，所以对总工期的延误时间为35-10=25天。

【想对考生说】

1. 本案例问题1考查了施工进度计划的关键工作和计算工期。本题应先确定关键线路，在所有线路中持续时间最长的线路即为关键线路，关键线路上的工作即为关键工作，本题根据这一原则进行判定。通过网络计划时间参数计算确定的工期为计算工期。

计算线路长度如下：

线路①→②→⑨，线路长度：30+100=130天；

线路①→②→③→④→⑤→⑨，线路长度：30+10+90+70+60=260天；

线路①→②→⑥→⑦→⑧→⑨，线路长度：30+5+125+80+60=300天。

综上所述，线路①→②→⑥→⑦→⑧→⑨为关键线路；关键工作：A、G、H、I、J；计算工期：30+5+125+80+60=300 天。

2．本案例问题 2 考查了开工报审表的主要内容。开工报审表应详细说明按施工进度计划正常施工所需的施工道路、临时设施、材料、工程设备、施工设备、施工人员等落实情况以及工程的进度安排。

3．本案例问题 3 考查了发包人引起的工期延误。《水利水电工程标准施工招标文件（2009 年版）》第 11.1 款规定，若发包人未能按合同约定向承包人提供开工的必要条件，承包人有权要求延长工期。监理人应在收到承包人的书面要求后，按第 3.5 款的约定，与合同双方商定或确定增加的费用和延长的工期。

4．本案例问题 4 考查了工期延误的计算。《水利水电工程标准施工招标文件（2009 年版）》第 11.1 款规定，若发包人未能按合同约定向承包人提供开工的必要条件，承包人有权要求延长工期。监理人应在收到承包人的书面要求后，按第 3.5 款的约定，与合同双方商定或确定增加的费用和延长的工期。

【还会这样考】

某承包人依据《水利水电工程标准施工招标文件（2009 年版）》与发包人签订某引调水工程引水渠标段施工合同，合同约定：（1）合同工期 465 天，2015 年 10 月 1 日开工；（2）签约合同价为 5800 万元；（3）履约保证金兼具工程质量保证金功能，施工进度付款中不再预留质量保证金。（4）工程预付款为签约合同价的 10%，开工前分两次支付，工程预付款的扣回与还清按下列公式计算。

$$R=\frac{A\times(C-F_1 S)}{(F_2-F_1)\times S}$$，其中 F_1=20%，F_2=90%。

合同签订后发生如下事件：

事件 1：项目部按要求编制了该工程的施工进度计划，如图 7-7 所示，经监理人批准后，工程如期开工。

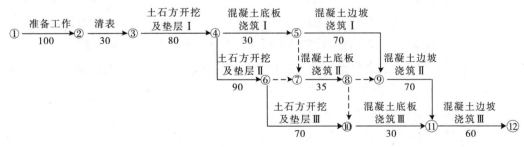

图 7-7　施工进度计划图（单位：天）

事件2：承包人完成施工控制网测量后，按监理人指示开展了抽样复测：（1）发现因发包人提供的某基准线不准确，造成与此相关的数据均超过允许误差标准，为此监理人指示承包人对发包人提供的基准点、基准线进行复核，并重新进行了施工控制网的测量，产生费用共计3万元，增加工作时间5天；（2）由于测量人员操作不当造成施工控制网数据异常，承包人进行了测量修正，修正费用0.5万元，增加工作时间2天。针对上述两种情况承包人提出了延长工期和补偿费用的索赔要求。

事件3："土石方开挖及垫层Ⅲ"施工中遇到地质勘探未查明的软弱地层，承包人及时通知监理人。监理人会同参建各方进行现场调查后，把该事件界定为不利物质条件，要求承包人采取合理措施继续施工。承包人按要求完成地基处理工作，导致"土石方开挖及垫层Ⅲ"工作时间延长20天，增加费用8.5万元。承包人据此提出了延长工期20天和增加费用8.5万元的要求。

事件4：截至2016年10月份，承包人累计完成合同金额4820万元，2016年11月份监理人审核批准的合同金额为442万元。

【问题】

1. 指出事件1施工进度计划图（图7-7）的关键线路（用节点编号表示）、"土石方开挖及垫层Ⅲ"工作的总时差。

2. 事件2中，承包人应获得的索赔有哪些？简要说明理由。

3. 事件3中，监理人收到承包人提出延长工期和增加费用的要求后，监理人应按照什么处理程序办理？承包人的要求是否合理？简要说明理由。

4. 计算2016年11月份的工程预付款扣回金额、承包人实得金额（单位：万元，保留2位小数）。

【参考答案】

1. 施工进度计划图的关键线路是：①→②→③→④→⑥→⑦→⑧→⑨→⑪→⑫。

"土石方开挖及垫层Ⅲ"工作的总时差＝最迟完成时间－最早完成时间＝305－300＝5天。

2. 承包人应获得的索赔：费用3万元，增加工作时间5天。

理由：发包人提供基准资料错误导致承包人测量放线工作的返工或造成工程损失的，属于发包人责任，发包人应当承担由此增加的费用3万元。因为该工作属于准备工作，属于关键工作，事件导致延误5天，将造成工期延误5天，可以索赔。测量人员操作不当造成施工控制网数据异常是承包人的责任，不能索赔工期和费用。

3. 监理人收到承包人提出延长工期和增加费用的要求后，监理人应按索赔处理程序办理。

承包人提出延长工期20天不合理。

理由：该事件影响工期为15天。

承包人提出增加费用8.5万元的要求合理。

理由：不利物质条件事件是发包人责任。

4．工程预付款扣回金额、承包人实得金额的计算如下：

工程预付款总额 =5800×10% = 580.00 万元

截至 2016 年 10 月份工程预付款累计已扣回金额：

$$R= \frac{5800×10\%}{(90\%-20\%)×5800} ×（4820-5800×20\%）=522.86 万元$$

按公式计算截至 2016 年 11 月份工程预付款累计扣回金额：

$$R= \frac{5800×10\%}{(90\%-20\%)×5800} ×（4820+442-5800×20\%）=586.00 万元＞580.00 万元$$

2016 年 11 月份工程预付款扣回金额 =580-522.86=57.14 万元

2016 年 11 月份承包人实得金额 =442-57.14 = 384.86 万元

【想对考生说】

1．本案例问题 1 考查了双代号网络计划时间参数的计算及关键线路的确定。

（1）首先我们来判断关键线路。总持续时间最长的线路称为关键线路。本题采用最长线路法确定关键线路。线路如下：

线路 1：①→②→③→④→⑤→⑨→⑪→⑫，持续时间 =100+30+80+30+70+70+60=440 天。

线路 2：①→②→③→④→⑤→⑦→⑧→⑨→⑪→⑫，持续时间 =100+30+80+30+35+70+60=405 天。

线路 3：①→②→③→④→⑤→⑦→⑧→⑩→⑪→⑫，持续时间 =100+30+80+30+35+30+60=365 天。

线路 4：①→②→③→④→⑥→⑦→⑧→⑨→⑪→⑫，持续时间 =100+30+80+90+35+70+60=465 天。

线路 5：①→②→③→④→⑥→⑦→⑧→⑩→⑪→⑫，持续时间 =100+30+80+90+35+30+60=425 天。

线路 6：①→②→③→④→⑥→⑩→⑪→⑫，持续时间 =100+30+80+90+70+30+60=460 天。

所以关键线路是线路 4。

（2）计算总时差，我们先掌握下面几个计算方法。

工作的最早开始时间应等于其紧前工作最早完成时间的最大值。

工作最迟完成时间和最迟开始时间的计算应从网络计划的终点节点开始，逆着箭线方向依次进行。

工作的最迟完成时间应等于其紧后工作最迟开始时间的最小值。

工作的最迟开始时间等于最迟完成时间减去持续时间。

土石方开挖及垫层Ⅲ的紧前工作是土石方开挖及垫层Ⅱ，土石方开挖及垫层Ⅱ的最早完成时间 =100+30+80+90=300 天，则土石方开挖及垫层Ⅲ的最早开始时间为 300 天。

土石方开挖及垫层Ⅲ紧后工作为混凝土底板浇筑Ⅲ，混凝土底板浇筑Ⅲ的最迟开始时间 =465-60-30=375 天。土石方开挖及垫层Ⅲ的最迟完成时间为 375 天。

土石方开挖及垫层Ⅲ的最迟开始时间 =375-70=305 天。

2. 本案例问题 2 考查了索赔管理。索赔会与合同责任、工期延误结合考查，解答本题时我们要先判断是谁的责任。本题中，发包人应对其提供的测量基准点、基准线和水准点及其书面的真实性、准确性和完整性负责。发包人提供上述基准资料错误导致承包人测量放线工作的返工或造成工程损失的，发包人应当承担由此增加的费用，所以可以索赔费用 3 万元。因为该工作属于准备工作，属于关键工作，事件导致延误 5 天，将造成工期延误 5 天，是可以索赔的。测量人员操作不当造成施工控制网数据异常是承包人的责任，工期和费用均不能索赔。

3. 本案例问题 3 考查了索赔管理。本题需要特别注意"监理人按照什么处理程序办理？"这个问题，这不是在考查我们索赔的处理程序，而是考查我们不利物质条件的处理方法。承包人遇到不利物质条件时，有权要求延长工期及增加费用。监理人收到此类要求后，应在分析外界障碍或自然条件是否不可预见及不可预见程度的基础上，按照变更的约定办理。水利水电工程的不利物质条件，指在施工过程中遭遇诸如地下工程开挖中遇到发包人进行的地质勘探工作未能查明的地下溶洞或溶蚀裂隙和坝基河床深层的淤泥层或软弱带等，使施工受阻。事件 3 认定为不利物质条件是正确的，其属于发包人责任，所以承包人可以要求索赔增加费用 8.5 万元。根据第 1 问，土石方开挖及垫层Ⅲ总时差 5 天，延长工期 20 天，超过总时差 =20-5=15 天，所以要求索赔工期 20 天是不合理的，只能索赔 15 天。

4. 本案例问题 4 考查了工程价款的计算。工程预付款的扣回与还清公式为：

$$R=\frac{A}{(F_2-F_1)\,S}\,(C-F_1 S)$$

式中 R——每次进度付款中累计扣回的金额；

A——工程预付款总金额；

S——签约合同价；

C——合同累计完成金额；

F_1——开始扣款时合同累计完成金额达到签约合同价的比例，一般取 20%；

F_2——全部扣清时合同累计完成金额达到签约合同价的比例，一般取 80% ~ 90%。

预付款的计算直接根据合同约定计算即可，工程预付款为签约合同价的 10%，即 $5800 \times 10\% = 580$ 万元。

10 月份工程预付款的扣回直接带入公式计算即可。

注意预付款开工前分两次支付，所以 11 月份工程预付款的扣回为 $5800 \times 10\% - 522.86 = 57.14$ 万元。

三、网络计划的优化与调整

【考生必掌握】

1. 网络计划的工期优化（压缩工期）

工期优化流程图如图 7-8 所示。

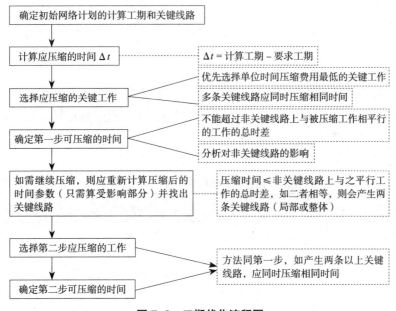

图 7-8　工期优化流程图

2. 网络计划的调整

（1）在原计划范围内采取赶工措施

（2）超过合同工期的进度调整：当进度拖延造成的影响在合同规定的控制工期内调整计划已无法补救时，只有调整控制工期。

（3）工期提前的调整。

3. 赶工费用

主要包括：人工费的增加；材料费的增加；机械费的增加。

【想对考生说】

在案例分析考试中，工期优化与赶工费用会在一起考查。赶工费用不包括利润。

【历年这样考】

【2022年真题】

某水利工程,发包人和承包人按照《水利水电工程标准施工招标文件（2009年版）》签订了施工合同。经项目监理机构批准的施工总进度计划，如图7-9所示（时间单位：天），各项工作均按最早开始时间安排且匀速施工。

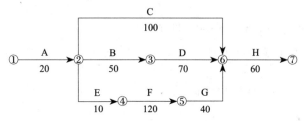

图7-9 施工总进度计划

工程进行到第30天末检查，工作A尚需5天完成，为保证按原工期完工，施工单位决定采取赶工措施。工作A、B、E不可调整，采取赶工费用最低法进行调整，其余各工作的最短工期和赶工费，见表7-11。

各工作的最短工期和赶工费　　　　　　　　　　　　表7-11

工作	计划时间	最短时间	赶工费（万元/天）
C	100	95	2.0
D	70	64	2.5
F	120	112	2.5
G	40	35	2.0
H	60	56	1.8

【问题】

1.确定该施工总进度计划的总工期及关键线路，计算工作B、C的总时差。

2.按第30天检查情况，计算工作A的延误时间，并指出对总工期的影响程度。

3.施工单位应如何调整后续的工作时间，才能保证按工期完成，并计算赶工费用。

【参考答案】

1. 总工期 = 20+10+120+40+60=250 天。

关键线路：A → E → F → G → H 或①→②→④→⑤→⑥→⑦。

工作 B 的总时差为 50 天，工作 C 的总时差为 70 天。

2. 工作 A 延误时间 =30−20+5=15 天。因为工作 A 为关键工作，影响总工期 15 天。

3. 施工单位应按以下方式调整后续的工作时间：

工作 H 压缩 4 天，赶工费用 =1.8×4=7.2 万元。

工作 G 压缩 5 天，赶工费用 =2.0×5=10 万元。

工作 F 压缩 6 天，赶工费用 =2.5×6=15 万元。

赶工费用 =7.2+10+15=32.2 万元。

【还会这样考】

某坝后式水电站安装两台立式水轮发电机组，甲公司承包主厂房土建施工和机电安装工程，主机设备由发包方供货。合同约定：（1）应在两台机墩混凝土均浇筑至发电机层且主厂房施工完成后，方可开始水轮发电机组的正式安装工作；（2）1 号机为计划首台发电机组；（3）首台机组安装如工期提前，承包人可获得奖励，标准为 10000 元 / 天；工期延误，承包人承担逾期违约金，标准为 10000 元 / 天。

单台尾水管安装综合机械使用费合计 100 元 / 小时，单台座环蜗壳安装综合机械使用费合计 175 元 / 小时。机械闲置费用补偿标准按使用费的 50% 计。

施工计划按每月 30 天、每天 8 小时计，承包人开工前编制首台机组安装施工进度计划，并报监理人批准。首台机组安装施工进度计划，如图 7-10 所示。

事件 1：座环蜗壳 I 到货时间延期导致座环蜗壳 I 安装工作开始时间延迟了 10 天，尾水管 II 到货时间延期导致尾水管 II 安装工作开始时间延迟了 20 天。承包人为此提出顺延工期和补偿机械闲置费要求。

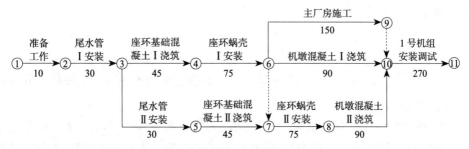

图 7-10 首台机组安装施工进度计划（单位：天）

事件 2：座环蜗壳 I 安装和座环基础混凝土 II 浇筑完成后，因不可抗力事件导致后续工作均推迟一个月开始，发包人要求承包人加大资源投入，对后续施工进度计划进行优化调整，确保首台机组安装按原计划工期完成，承包人编制并报监理人批准的首台发电机组安装后续施工进度计划，如图 7-11 所示。并约定，相应补偿措施费用 90 万元，其中包含了确保首台机组安装按原计划工期完成所需的赶工费用及工期奖励。

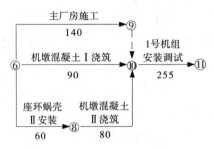

图 7-11　首台机组安装后续施工进度计划（单位：天）

事件 3：监理工程师发现机墩混凝土 Ⅱ 浇筑存在质量问题，要求承包人返工处理，延长工作时间 10 天，返工费用 32600 元。为此，承包人提出顺延工期和补偿费用的要求。

事件 4：主厂房施工实际工作时间为 155 天，1 号机组安装调试实际时间为 232 天，其他工作按计划完成。

【问题】

1．根据图 7-10 计算施工进度计划总工期，并指出关键线路（以节点编号表示）。

2．根据事件 1 承包人可获得的工期顺延天数和机械闲置补偿费用分别为多少？说明理由。

3．事件 3 中承包人提出的要求是否合理？说明理由。

4．综合上述 4 个事件，计算首台机组安装的实际工期；指出工期提前或延误的天数，承包人可获得工期提前奖励或应承担的逾期违约金。

5．综合上述 4 个事件计算承包人可获得的补偿及奖励或违约金的总金额。

【参考答案】

1．施工进度计划总工期为 595 天。

关键线路为：①→②→③→④→⑥→⑦→⑧→⑩→⑪。

2．事件 1 中，承包人可获得的工期顺延天数和机械闲置补偿费用及其理由如下：

（1）承包人可获得顺延工期 10 天。

理由：座环蜗壳 Ⅰ、尾水管 Ⅱ 到货延期均为发包人责任。座环蜗壳 Ⅰ 安装是关键工作，开始时间延迟 10 天，影响工期 10 天。尾水管 Ⅱ 安装工作总时差 45 天，尾水管 Ⅱ 安装开始时间延迟 20 天不影响工期。

（2）补偿机械闲置费 15000 元。

理由：座环蜗壳 Ⅰ 机械闲置费补偿为 $10 \times 8 \times 175 \times 50\% = 7000$ 元；尾水管 Ⅱ 机械闲置费补偿为 $20 \times 8 \times 100 \times 50\% = 8000$ 元。

3．事件 3 中承包人提出的要求是否合理的判断及理由如下。

事件 3 中承包人提出的要求不合理。

理由：施工质量问题属于承包人责任。

4. 首台机组安装实际工期 =10+30+45+75+155+232+10+30=587 天。

工期提前 8 天（595－587），所以可获得工期提前奖励为 8×10000=80000 元。

5. 综合 4 个事件计算承包人可获得的补偿及奖励或违约金的总金额如下。

（1）设备闲置费：15000 元。

（2）措施费：900000 元。

（3）提前奖励：80000 元。

合计为：15000+900000+80000=995000 元。

【想对考生说】

1. 本案例问题 1 考查了双代号网络进度计划时间参数的计算。考生要学会网络进度计划的工期及关键线路确定的方法。一般有两种方法，标号法和最长线路法（关键路径法）。

标号法是一种快速寻求网络计划计算工期和关键线路的方法。一般的题目，采用标号法并结合网络图的基本规律基本上可以解决，本题采用标号法的计算，如图 7-12 所示。

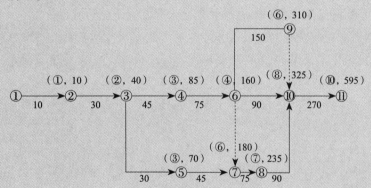

图 7-12　双代号网络进度计划采用标号法的计算工期

由图可知，工期为 595 天，关键线路为①→②→③→④→⑥→⑦→⑧→⑩→⑪。

最长线路法（关键路径法），比较适用简单、线路少的网络图。本题中，各线路上总的工作持续时间为：

（1）线路 1：①→②→③→④→⑥→⑨→⑩→⑪，持续时间为：10+30+45+75+150+270=580 天。

（2）线路 2：①→②→③→④→⑥→⑩→⑪，持续时间为：10+30+45+75+90+270=520 天。

（3）线路3：①→②→③→④→⑥→⑦→⑧→⑩→⑪，持续时间为：10+30+45+75+75+90+270=595天。

（4）线路4：①→②→③→⑤→⑦→⑧→⑩→⑪，持续时间为：10+30+30+45+75+90+270=550天。

线路上总的工作持续时间最长的线路为关键线路。由此可知，关键线路为线路3。工期为595天。

2. 本题考查的是索赔的相关规定。索赔通常会与合同责任、造成工期延误结合考查。解答本题时，应判断到货延期的责任方，影响工期的工作是否为关键工作，若是则影响工期；若不是，则判断延误时间是否超过总时差，超过则影响工期。

由问题1可知，座环蜗壳Ⅰ安装为关键工作，其安装工作开始时间延迟了10天，影响工期，工期应予顺延。机械闲置费用补偿为175×50%×8×10=7000元。

尾水管Ⅱ为非关键工作，其总时差为595−550=45天，其安装工作开始时间延迟20天，未超过总时差，工期不予顺延。机械闲置费用补偿为100×50%×8×20=8000元。

在计算机械闲置费用补偿时应注意尾水管Ⅱ也是应予补偿的。

3. 本题考查的是索赔的相关规定。判断造成质量事故的责任方是解答本题的关键。机墩混凝土Ⅱ浇筑属于承包人的工作内容，其存在质量问题，责任方为承包人。所以不予顺延工期和补偿费用。

4. 本题考查的是实际工期、奖励或违约金的计算。解答本题应注意，要综合四个事件考虑。

事件1中，工期顺延10天。

事件2中，因不可抗力事件导致后续工作均推迟一个月开始，即30天。

根据事件2，首台发电机组安装后续施工进度计划进行优化调整，主厂房施工计划140天，但实际工作时间为155天，1号机组安装调试计划时间为255天，但实际工作时间为232天。

则首台机组安装实际工期=10+30+45+75+155+232+10+30=587天。

工期提前奖励计算，按背景资料中合同约定计算即可。

5. 本题考查的是补偿及奖励或违约金总金额的计算。

（1）事件1造成的机械闲置费15000元。

（2）事件2中，补偿措施费用900000元。（注意不要忽略此项费用）

（3）工期提前奖励80000元。

合计：995000元。

第八章 水土保持工程施工监理

（适合水土保持工程施工监理专业）

第一节　水土流失与水土保持

【想对考生说】

第一节没有可考核的内容。

第二节　水土保持工程监理要点

【想对考生说】

这节内容主要依据《水土保持工程施工监理规范》SL 523—2011 的条款来学习，下面讲解可能会考核的条款内容。

【考生必掌握】

一、施工准备阶段的监理工作

5.2.1　检查并协调落实开工前应由建设单位提供的下列施工条件：

（1）施工图纸和文件发送情况。

（2）资金落实情况。

（3）施工用地等施工条件的协调、落实情况。

（4）有关测量基准点的移交。

（5）首次预付款是否按合同约定拨付。

5.2.2　应检查并督促落实施工单位的施工准备工作。

5.2.3　应检查施工单位进场原材料、构配件的质量、规格是否符合有关技术标准要求，储存量是否满足工程开工及随后施工的需要。

5.2.4　项目监理机构应组织进行项目划分，并于工程项目开工前及时<u>协助建设单位组织或在建设单位委托下组织召开第一次工地会议。</u>监理机构主持会议时应事先将会议议程及有关事项通知相关单位。

5.2.5　承担坝系工程或生产建设项目水土保持工程监理的监理单位还应按照合同约定，委派监理机构对施工准备阶段的场地平整以及通水、通路、通电和施工中的临时工程等进行巡检。

二、施工实施阶段的监理工作

1. 开工条件的控制

6.1.1　施工单位完成合同项目开工准备后，<u>应向监理机构提交开工申请。</u>经监理机构检查确认施工单位的施工准备及建设单位有关工作满足开工条件后，<u>应由总监理工程师签发开工令。</u>

6.1.2　单位工程或合同项目中的单项工程开工前，应由监理机构审核施工单位报送的开工申请、施工组织设计，检查开工条件，<u>征得建设单位同意后由监理工程师签发工程开工通知。</u>重要的防洪工程和生产建设项目中对主体工程及周边设施安全、质量、进度、投资等其中一方面或同时具有重大影响的单位工程，应由总监理工程师签发开工通知。

2. 工程质量控制

6.2.1　工程质量控制应符合下列规定：

（1）建立健全质量控制体系，并在监理过程中不断修改、补充和完善；督促施工单位建立健全质量保证体系，并监督其贯彻执行。

（2）对施工质量活动相关的人员、材料、施工设备、施工方法和施工环境进行监督检查。

（3）对施工单位在施工过程中的施工、质检、材料和施工设备操作等持证上岗人员进行检查。没有取得资格证书的人员不应在相应岗位上独立工作。

（4）监督施工单位对进场材料、苗木、籽种、设备、产品质量和构配件进行检验，并检查材质证明和产品合格证。未经检验和检验不合格不应在工程中使用。

（5）复核并签认施工单位的施工临时高程基准点。

3. 工程进度控制

6.3.3　合同项目总进度计划应由监理机构审查，年、季、月进度计划应<u>由监理工程师审批。</u>经批准的进度计划应作为进度控制的主要依据。

6.3.4　施工进度计划审批应符合下列程序：

（1）施工单位应在施工合同约定的时间内向监理机构提交施工进度计划。

（2）监理机构应在收到施工进度计划后及时进行审查，提出明确审批意见。必要时应召集由建设单位、设计单位参加的施工进度计划审查专题会议，听取施工单位的汇报，并对有关问题进行分析研究。

（3）监理机构应提出审查意见，交施工单位进行修改或调整。

（4）审批施工单位应提交施工进度计划或修改、调整后的施工进度计划。

4. 工程投资控制

6.4.2　监理机构对投资的控制程序应为：先经监理工程师审核，再报总监理工程师审定、审批。

5. 工程变更

6.6.1　监理机构应对工程建设各方依据有关规定和工程现场实际情况提出的工程变更建议进行审查，同意后报建设单位批准。

6.6.2　建设单位批准的工程变更，应由建设单位委托原设计单位负责完成具体的工程变更设计。

6.6.3　监理机构应参加或受建设单位委托组织对变更设计的审查。对一般的变更设计，应由建设单位审批；对较大的变更设计，应由建设单位报原批准单位审批。

6.6.4　监理工程师在接到变更设计批复文件后，应向施工单位下达工程变更指示，并作为施工单位组织工程变更实施的依据。

三、验收阶段的监理工作

7.0.2　监理机构应在监理合同期满前向建设单位提交监理工作总结报告，在工程竣工验收后整理并移交有关资料。

7.0.3　监理机构参加或受建设单位委托组织分部工程验收。分部工程验收通过后、监理机构应签署或协助建设单位签署《分部工程验收签证》，并督促施工单位按照《分部工程验收签证》中提出的遗留问题及时进行完善和处理。

7.0.4　单位工程验收前，监理机构应督促或提请建设单位督促检查单位工程验收应具备的条件，检查分部工程验收中提出的遗留问题的处理情况，对单位工程进行质量评定，提出尾工清单。

7.0.5　监理机构应参加阶段验收、单位工程验收、竣工验收和水行政主管部门组织的生产建设项目水土保持专项验收。

7.0.7　竣工验收通过后应及时签发工程移交证书。

【还会这样考】

某水电站工程项目，在施工过程中发生以下事件：

事件1：工程项目开工前监理单位协助建设单位组织召开第一次工地会议。

事件2：施工单位完成合同项目开工准备后，向建设单位提交开工申请。

事件3：建设单位批准施工单位的工程变更后，应由施工单位负责完成具体的工程变更设计。

事件4：单位工程完成后，监理机构组织了单位工程验收。

【问题】

分别判断事件 1 ~ 事件 4 是否妥当？如不妥当，写出正确做法。

【参考答案】

事件 1 妥当。

事件 2 不妥。正确做法：施工单位完成合同项目开工准备后，应向监理机构提交开工申请。

事件 3 不妥。正确做法：建设单位批准的工程变更，应由建设单位委托原设计单位负责完成具体的工程变更设计。

事件 4 不妥。正确做法：监理机构应参加单位工程验收。

【想对考生说】

我们要了解监理机构、总监理工程师、监理工程师在施工准备阶段、施工实施阶段和验收阶段的监理工作有哪些，这就是考试的重点。

第三节　水土保持工程质量评定与验收

【想对考生说】

这节内容主要依据《水土保持工程质量评定规程》SL 336—2006 的条款来学习，下面讲解可能会考核的条款内容。

一、水土保持工程质量评定

【考生必掌握】

1. 工程的划分

2.0.2　单位工程　可以独立发挥作用,具有相应规模的单项治理措施(如基本农田、植物措施等）和较大的单项工程（如大型淤地坝、骨干坝）。

3.2.1　单位工程应按照工程类型和便于质量管理等原则进行划分。

2.0.3　分部工程　单位工程的主要组成部分，可单独或组合发挥一种水土保持功能的工程。

3.3.1　分部工程可按照功能相对独立、工程类型相同的原则划分。

2.0.4　单元工程　分部工程中由几个工序、工种完成的最小综合体，是日常质量考核的基本单位。对分部工程安全、功能、效益起控制作用的单元工程称为主要单元工程。

3.4.1　单元工程应按照施工方法相同、工程量相近，便于进行质量控制和考核的原则划分。

2.0.5 重要隐蔽工程

大型水土保持工程中对工程建设和安全运行有较大影响的基础开挖、地下涵管、隧洞、坝基防渗、加固处理和地下排水工程等。

2. 工程质量评定的组织与管理

5.1.2 单元工程质量应由施工单位质检部门组织自评，监理单位核定。

5.1.3 重要隐蔽工程及工程关键部位的质量应在施工单位自评合格后，由监理单位复核，建设单位核定。

5.1.4 分部工程质量评定应在施工单位质检部门自评的基础上，由监理单位复核，建设单位核定。

5.1.5 单位工程质量评定应在施工单位自评的基础上，由建设单位、监理单位复核，报质量监督单位核定。

5.1.6 工程项目的质量等级应由该项目质量监督机构在单位工程质量评定的基础上进行核定。

5.1.7 质量事故处理后应按处理方案的质量要求，重新进行工程质量检测和评定。

3. 工程质量评定的合格标准

工程质量评定的合格和优良标准，见表8-1。

工程质量评定的合格和优良标准　　　　　　　　　　　　　　表 8-1

项目	质量评定合格标准	质量评定优良标准
分部工程	（1）单元工程质量全部合格。 （2）中间产品质量及原材料质量全部合格	（1）单元工程质量全部合格，其中有50%以上达到优良，主要单元工程、重要隐蔽工程及关键部位的单元工程质量优良，且未发生过质量事故。 （2）中间产品和原材料质量全部合格
单位工程	（1）分部工程质量全部合格。 （2）中间产品质量及原材料质量全部合格。 （3）大中型工程外观质量得分率达到70%以上。 （4）施工质量检验资料基本齐全	（1）分部工程质量分部合格，其中有50%以上达到优良，主要分部工程质量优良，且施工中未发生过重大质量事故。 （2）中间产品和原材料质量全部合格。 （3）大中型工程外观质量得分率达到85%以上。 （4）施工质量检验资料齐全
工程项目	单位工程质量全部合格的工程可评为合格	单位工程质量全部合格，其中有50%以上的单位工程质量优良，且主要单位工程质量优良

【想对考生说】

每一工程的几个标准必须同时符合条件才可确定为合格或者优良。

二、水土保持工程质量验收

【想对考生说】

　　根据水利部《关于加强水土保持工程验收管理的指导意见》（水保〔2016〕245号），水土保持工程验收分为法人验收和政府验收，法人验收是政府验收的基础。下面我们分别介绍一下。

　　1. 法人验收

　　（1）施工单位在完成合同约定的每项建设内容后，应向项目法人提出验收申请。项目法人应在收到验收申请之日起10个工作日内决定是否同意进行验收。项目法人认为建设项目具备验收条件的，应在20个工作日内组织验收。

　　（2）法人验收由项目法人主持。验收工作组由项目法人、设计、施工、监理、材料及苗木供应等单位的代表组成。项目法人可以委托监理单位主持非关键和非重点部位的分部工程验收。淤地坝工程坝体（包括基础处理、坝体填筑等）、放水建筑物、泄洪建筑物等工程的关键部位和隐蔽工程法人验收必须由法人负责组织。

　　（3）项目法人应在法人验收通过之日起20个工作日内，将验收单印发施工单位。验收单应明确验收的工程、位置、数量、质量、验收时间和验收人员。

　　（4）采取村民自建的水土保持工程，县级水行政主管部门应指导监督村民理事会组织开展法人验收。

　　2. 政府验收

　　（1）项目法人在项目完工且完成所有单位工程验收后1个月内，应向县级水行政主管部门提交初步验收申请。县级水行政主管部门认为具备验收条件的，应在1个月内组织验收。

　　（2）初步验收由县级水行政主管部门主持。验收组成员由验收主持单位、财政、发改等有关部门以及项目所涉及乡镇政府等单位代表和专家组成。

　　（3）县级水行政主管部门应在初步验收通过之日起20个工作日内将初步验收意见印发项目法人。

　　（4）项目法人应在通过初步验收并将遗留问题处理完成后20个工作日内，将竣工财务决算报县级财政、审计部门进行财务审查和审计。

　　（5）项目法人应在完成竣工财务决算审查和审计后10个工作日内，提出竣工验收申请。县级水行政主管部门审核后，在10个工作日内将竣工验收申请及初步验收意见报送竣工验收主持单位。

　　（6）竣工验收由实施方案审批部门主持，邀请相关部门参加。

　　（7）竣工验收主持单位应在自竣工验收通过之日起30个工作日内，制作竣工验收鉴定书，印发有关单位。

　　（8）初步验收和竣工验收合并的，应在竣工验收前完成竣工决算财务审查和审计。

竣工验收时必须全面检查各项计划任务完成情况。

（9）工程通过竣工验收后，项目法人应及时与管护责任主体办理移交。

【还会这样考】

某堤防工程，施工单位在完成了合同约定的每项建设内容后，向监理机构提出了验收申请。项目法人认为该建设项目具备了验收的条件，在收到验收申请的第35个工作日组织了验收。项目法人在项目完工且完成了所有单位工程验收后的第3个月向县级水行政主管部门提交初步验收申请。县级水行政主管部门认为具备验收的条件，在1个月内组织验收。最终通过了验收。

【问题】

指出验收过程中的不妥之处，写出正确做法。

【参考答案】

（1）不妥之处：施工单位向监理机构提出验收申请。

正确做法：应向项目法人提出验收申请。

（2）不妥之处：项目法人在收到验收申请的第35个工作日组织了验收。

正确做法：项目法人应在收到验收申请之日起20个工作日内组织验收。

（3）不妥之处：项目法人在项目完工且完成了所有单位工程验收后的第3个月向县级水行政主管部门提交初步验收申请。

正确做法：项目法人在项目完工且完成所有单位工程验收后1个月内，应向县级水行政主管部门提交初步验收申请。

【想对考生说】

本案例主要考核了时限的内容，考生要有所了解，这是很好的命题素材。

第九章

水利工程建设环境保护监理

（适合水利工程建设环境保护监理专业）

第一节　水利工程建设环境影响要素

【想对考生说】

第一节没有可考核的内容。

第二节　环境保护监理要点

【想对考生说】

这节内容主要依据《水土工程施工环境保护监理规范》TOO/CWEA 3—2017的条款来学习，下面讲解可能会考核的条款内容。

【考生必掌握】

一、各级环境保护监理人员岗位职责

5.2.2.1　环境保护总监理工程师职责

水利工程施工环境保护监理实行总监理工程师负责制，环境保护总监理工程师应负责全面履行环境保护监理合同中所约定的环境保护监理单位的职责，其职责主要包括下列内容：

（1）主持编制环境保护监理方案，制定环境保护监理机构规章制度，签发环境保护监理机构内部文件；

（2）确定环境保护监理机构各部门职责分工及各级环境保护监理人员职责权限，

协调环境保护监理机构内部工作；

（3）指导环境保护监理工程师开展监理工作。负责环境保护监理人员的工作考核，调换不称职的环境保护监理人员，根据工程建设进展情况，调整环境保护监理人员；

（4）审核承包人施工组织设计中的相关环境保护技术文件；

（5）主持环境保护监理第一次工地会议，主持或授权环境保护监理工程师主持环境保护监理例会和专题会议；

（6）签发环境保护监理文件，对涉及施工进度、施工方案重大调整的环境问题的处理，商工程施工总监理工程师后，签发指示；

（7）主持重要环境问题的处理；

（8）主持或参与工程施工与环境保护的协调工作；

（9）组织编写并签发环境保护监理报告、环境保护监理专题报告、环境保护监理工作报告，组织整理环境保护监理合同文件和档案资料；

（10）监督环境保护措施落实情况，签发环境保护费用付款证书；

（11）参加环境保护设施验收工作。

5.2.2.2　环境保护监理工程师职责

环境保护监理工程师应按照环境保护总监理工程师所授予的职责权限开展监理工作，是实施监理工作的直接责任人，并对环境保护总监理工程师负责，其职责主要包括下列内容：

（1）参与编制环境保护监理方案；

（2）预审承包人施工组织设计中的相关环境保护技术文件；

（3）检查负责范围内承包人的环境保护措施的落实情况；

（4）检查负责范围内的环境影响情况，对发现的环境问题及时通知承包人采取处理措施；

（5）协助环境保护总监理工程师协调施工活动安排与环境保护的关系，按照职责权限处理发生的现场环境问题，签发环境问题通知；

（6）收集、汇总、整理环境保护监理资料，参与编写环境保护监理报告，填写环境保护监理日记；

（7）现场发生重大环境问题或遇到突发性环境污染事故时，及时向环境保护总监理工程师报告；

（8）指导、检查环境保护辅助监理人员的工作必要时可向环境保护总监理工程师建议调换环境保护辅助监理人员；

（9）完成环境保护总监理工程师交办的其他工作。

5.2.2.3　环境保护辅助监理人员职责

环境保护辅助监理人员应按所授予的职责权限开展监理工作，其职责主要包括下列内容：

（1）检查负责范围内承包人的环境保护措施的现场落实情况；

（2）检查负责范围内的环境影响情况，并做好现场监理记录；

（3）对发现的现场环境问题，及时向环境保护监理工程师报告；

（4）核实承包人环境保护相关原始记录；

（5）完成环境保护总监理工程师、监理工程师交办的其他工作。

二、环境保护监理工作要求

7.1.1　环境保护监理工作主要包括环境保护措施监理、环境保护达标监理、环境保护设施监理、环境监测监控监理、环境污染事件报告与处理、参加环境保护验收等。

7.1.2　环境保护措施监理工作主要包括生物保护及其他生态保护监理、土壤环境保护监理、人群健康保护监理、景观和文物保护监理等。

7.1.3　环境保护达标监理工作主要包括水环境保护监理、大气环境保护监理、噪声控制监理、固体废物处理处置监理等。

7.1.4　环境保护设施监理工作主要包括监督检查项目施工期环境污染治理设施、环境风险防范设施建设情况，检查废水、废气、噪声、固体废弃物等处置设施是否按照要求建设。

7.1.5　环境监测监控监理工作主要包括根据项目法人提供的施工期环境监测数据，对监测成果进行分析判断，提出处理意见，必要时对饮用水、地表水、地下水、废水、污水、废气、噪声、固体废弃物等提出进一步监测和抽测的要求。

7.1.6　环境污染事件报告与处理工作主要包括对施工期间发生的环境污染事件及时采取有效措施，防止污染扩大，积极配合环境污染事件调查组的调查工作，并监督承包人按调查处理意见处理环境污染事件。

【还会这样考】

某河流整治工程，通过招标投标，委托了一家监理单位，负责河流整治工程施工的监理，监理单位在监理规划中明确了监理人员的岗位职责，现摘录4条如下：

（1）环境保护监理工程师组织编制环境保护监理方案。

（2）环境保护辅助监理人员核实承包人环境保护相关原始记录。

（3）环境保护辅助监理人员收集、汇总、整理环境保护监理资料

（4）环境保护总监理工程师组织环境保护设施验收工作。

【问题】

逐条指出监理人员的岗位职责是否正确。如不正确，写出正确做法。

【参考答案】

（1）不正确。正确做法：参与编制环境保护监理方案。

（2）正确。

（3）不正确。正确做法：由环境保护监理工程师收集、汇总、整理环境保护监理资料。

（4）不正确。正确做法：环境保护总监理工程师参加环境保护设施验收工作。

【想对考生说】

各级环境保护监理人员岗位职责是很重要的知识点，也是很好命题的素材，我们一定要掌握。

第三节　环境影响评价及竣工环境保护验收

一、环境影响评价

【考生必掌握】

1.《环境影响评价法》的规定

第十六条　国家根据建设项目对环境的影响程度，对建设项目的环境影响评价实行分类管理。

建设单位应当按照下列规定组织编制环境影响报告书、环境影响报告表或者填报环境影响登记表（以下统称环境影响评价文件）：

（1）可能造成重大环境影响的，应当编制环境影响报告书，对产生的环境影响进行全面评价；

（2）可能造成轻度环境影响的，应当编制环境影响报告表，对产生的环境影响进行分析或者专项评价；

（3）对环境影响很小、不需要进行环境影响评价的，应当填报环境影响登记表。

建设项目的环境影响评价分类管理名录，由国务院生态环境主管部门制定并公布。

第十七条　建设项目的环境影响报告书应当包括下列内容：

（1）建设项目概况；

（2）建设项目周围环境现状；

（3）建设项目对环境可能造成影响的分析、预测和评估；

（4）建设项目环境保护措施及其技术、经济论证；

（5）建设项目对环境影响的经济损益分析；

（6）对建设项目实施环境监测的建议；

（7）环境影响评价的结论。

第二十二条　建设项目的环境影响报告书、报告表，由建设单位按照国务院的规定报有审批权的生态环境主管部门审批。

海洋工程建设项目的海洋环境影响报告书的审批，依照《中华人民共和国海洋环境保护法》的规定办理。

审批部门应当自收到环境影响报告书之日起六十日内，收到环境影响报告表之日起三十日内，分别作出审批决定并书面通知建设单位。

国家对环境影响登记表实行备案管理。

审核、审批建设项目环境影响报告书、报告表以及备案环境影响登记表，不得收取任何费用。

第二十三条　国务院生态环境主管部门负责审批下列建设项目的环境影响评价文件：

（1）核设施、绝密工程等特殊性质的建设项目；

（2）跨省、自治区、直辖市行政区域的建设项目；

（3）由国务院审批的或者由国务院授权有关部门审批的建设项目。

前款规定以外的建设项目的环境影响评价文件的审批权限，由省、自治区、直辖市人民政府规定。

建设项目可能造成跨行政区域的不良环境影响，有关生态环境主管部门对该项目的环境影响评价结论有争议的，其环境影响评价文件由共同的上一级生态环境主管部门审批。

2.《建设项目环境影响评价分类管理名录（2021年版）》的规定（表9-1）

《建设项目环境影响评价分类管理名录（2021年版）》有关水利工程的类别　表9-1

环评项目类别		报告书	报告表	登记表
124	水库	库容1000万立方米及以上；涉及环境敏感区的	其他	—
125	灌区工程（不含水源工程的）	涉及环境敏感区的	其他（不含高标准农田、滴灌等节水改造工程）	—
126	引水工程	跨流域调水；大中型河流引水；小型河流年总引水量占引水断面天然年径流量1/4及以上；涉及环境敏感区的（不含涉及饮用水水源保护区的水库配套引水工程）	其他	
127	防洪除涝工程	新建大中型	其他（小型沟渠的护坡除外）；城镇排涝河流水闸、排涝泵站除外）	城镇排涝河流水闸、排涝泵站
128	河湖整治（不含农村塘堰、水渠）	涉及环境敏感区的	其他	—
129	地下水开采（农村分散式家庭生活自用水井除外）	日取水量1万立方米及以上的；涉及环境敏感区的（不新增供水规模、不改变供水对象的改建工程除外）	其他	—

【想对考生说】

这部分内容的知识主要是《环境影响评价法》《建设项目环境影响评价分类管理名录》规定的内容，可能会依据表9-1的项目类别让考生回答是编制环境影响报告书、环境影响报告表，还是填报环境影响登记表。

二、竣工环境保护验收

《建设项目竣工环境保护验收暂行办法》规定：

第三条　建设项目竣工环境保护验收的主要依据包括：

（1）建设项目环境保护相关法律、法规、规章、标准和规范性文件；

（2）建设项目竣工环境保护验收技术规范；

（3）建设项目环境影响报告书（表）及审批部门审批决定。

第五条　建设项目竣工后，建设单位应当如实查验、监测、记载建设项目环境保护设施的建设和调试情况，编制验收监测（调查）报告。

建设单位不具备编制验收监测（调查）报告能力的，可以委托有能力的技术机构编制。建设单位对受委托的技术机构编制的验收监测（调查）报告结论负责。建设单位与受委托的技术机构之间的权利义务关系，以及受委托的技术机构应当承担的责任，可以通过合同形式约定。

第六条　需要对建设项目配套建设的环境保护设施进行调试的，建设单位应当确保调试期间污染物排放符合国家和地方有关污染物排放标准和排污许可等相关管理规定。

环境保护设施未与主体工程同时建成的，或者应当取得排污许可证但未取得的，建设单位不得对该建设项目环境保护设施进行调试。

第八条　建设项目环境保护设施存在下列情形之一的，建设单位不得提出验收合格的意见：

（1）未按环境影响报告书（表）及其审批部门审批决定要求建成环境保护设施，或者环境保护设施不能与主体工程同时投产或者使用的；

（2）污染物排放不符合国家和地方相关标准、环境影响报告书（表）及其审批部门审批决定或者重点污染物排放总量控制指标要求的；

（3）环境影响报告书（表）经批准后，该建设项目的性质、规模、地点、采用的生产工艺或者防治污染、防止生态破坏的措施发生重大变动，建设单位未重新报批环境影响报告书（表）或者环境影响报告书（表）未经批准的；

（4）建设过程中造成重大环境污染未治理完成，或者造成重大生态破坏未恢复的；

（5）纳入排污许可管理的建设项目，无证排污或者不按证排污的；

（6）分期建设、分期投入生产或者使用依法应当分期验收的建设项目，其分期建设、分期投入生产或者使用的环境保护设施防治环境污染和生态破坏的能力不能满足其相应主体工程需要的；

（7）建设单位因该建设项目违反国家和地方环境保护法律法规受到处罚，被责令改正，尚未改正完成的；

（8）验收报告的基础资料数据明显不实，内容存在重大缺项、遗漏，或者验收结论不明确、不合理的；

（9）其他环境保护法律法规规章等规定不得通过环境保护验收的。

第十一条　除按照国家需要保密的情形外，建设单位应当通过其网站或其他便于公众知晓的方式，向社会公开下列信息：

（1）建设项目配套建设的环境保护设施竣工后，公开竣工日期；

（2）对建设项目配套建设的环境保护设施进行调试前，公开调试的起止日期；

（3）验收报告编制完成后5个工作日内，公开验收报告，公示的期限不得少于20个工作日。

建设单位公开上述信息的同时，应当向所在地县级以上环境保护主管部门报送相关信息，并接受监督检查。

第十二条　除需要取得排污许可证的水和大气污染防治设施外，其他环境保护设施的验收期限一般不超过3个月；需要对该类环境保护设施进行调试或者整改的，验收期限可以适当延期，但最长不超过12个月。

验收期限是指自建设项目环境保护设施竣工之日起至建设单位向社会公开验收报告之日止的时间。

第十三条　验收报告公示期满后5个工作日内，建设单位应当登录全国建设项目竣工环境保护验收信息平台，填报建设项目基本信息、环境保护设施验收情况等相关信息，环境保护主管部门对上述信息予以公开。

建设单位应当将验收报告以及其他档案资料存档备查。

【想对考生说】
　　对于《建设项目竣工环境保护验收暂行办法》，考生了解一下就可以。

【还会这样考】

某中型河流引水工程，建设单位根据该项目对环境的影响程度、对建设项目的环境影响评价实行了分类管理，并编制了环境影响报告表，对产生的环境影响进行了分析或者专项评价。

【问题】

建设单位的做法是否妥当？根据《环境影响评价法》，分别说明应当编制环境影响报告书、环境影响报告表或者填报环境影响登记表的情形。

【参考答案】

建设单位的做法不妥当。

建设单位应当按照下列规定组织编制环境影响报告书、环境影响报告表或者填报环境影响登记表：

（1）可能造成重大环境影响的，应当编制环境影响报告书，对产生的环境影响进行全面评价；

（2）可能造成轻度环境影响的，应当编制环境影响报告表，对产生的环境影响进行分析或者专项评价；

（3）对环境影响很小、不需要进行环境影响评价的，应当填报环境影响登记表。

【想对考生说】

区分"一书两表"的编制和填写的情形，这是很重要的命题点。